iPS細胞とはなにか

万能細胞研究の現在

朝日新聞大阪本社科学医療グループ

ブルーバックス

カバー装幀／芦澤泰偉・児崎雅淑
カバー写真／京都大学教授・山中伸弥
目次／中山康子
図版／さくら工芸社

はじめに

iPS細胞（人工多能性幹細胞）の登場は、衝撃的でした。

2007年11月21日、京都大学の山中伸弥教授らが前年のマウスに続き、ヒトのふつうの細胞からiPS細胞の作製に成功したと発表すると、アメリカのホワイトハウスはただちに「とても喜ばしい」と異例のコメントを発表。バチカンのローマ法王庁も翌22日に「人（受精卵）を殺さず、たくさんの病気を治すことにつながる重要な発見」と賛辞をおくりました。

基礎的な生命科学の研究成果が、政治、宗教、社会にただちに影響をもたらす。そんなことは、めったにありません。でも、iPS細胞がそれほどまでに注目を集めたのには理由があります。

すべての生き物は、膨大な数の細胞からできています。ヒトの場合は約60兆個の細胞から成り立っています。それらは、たった1個の細胞である「受精卵」が分裂を繰り返し、つくられたものです。

受精卵が分裂を繰り返す過程で、ある細胞は神経の細胞に、ある細胞は心臓の細胞に、といったふうに、役割が決まっていきます。逆にいうと、受精卵はどんな細胞にでもなれる「万能性」

をもっているわけです。一方、いったん役割が決まった細胞は一般に、もうその役割を変えることはありません。「時計の針を巻き戻す」ことは、ふつうはできないのです。

生き物のこうした「発生」と「分化」の仕組みを解き明かすことは、人類の長年の夢でした。

山中さんはふつうの細胞にたった4種類の遺伝子を導入するだけで、時計の針を巻き戻し、「万能性」を復活させられることを、世界に先駆けて明らかにしました。謎に包まれていた「発生」と「分化」の仕組みを解き明かすカギを、初めて具体的に示したのです。

細胞の時計の針を自由に巻き戻すことができたら、医療にも革命的な進歩がもたらされると考えられています。治療に必要な細胞を思いのままにつくれる可能性があるからです。

iPS細胞の登場以前にも「万能性」をもつ細胞は知られていました。代表格がES細胞（胚性幹細胞）で、受精卵が分裂して「胚」という段階になったとき、内部から細胞を取り出し、培養してつくります。

しかし、受精卵を結果的に壊してしまうため、ES細胞研究には倫理的、宗教的な問題が常につきまとっていました。冒頭のホワイトハウスやローマ法王庁の反応は、こうした背景があってのものです。

この本は、iPS細胞をめぐる研究の内容だけでなく、生命科学研究の歴史における位置づけ、政治、宗教、社会への影響、特許取得をめぐる動きやその背景などをくわしく紹介することで、iPS細胞を取り巻く状況を理解する一助になればと考え、まとめたものです。

執筆陣は、瀬川茂子、佐藤久恵、木村俊介、上田俊英の4人です。それぞれ山中さんが2007年11月にヒトのiPS細胞の作製成功を発表した後、朝日新聞大阪本社科学医療グループにある期間在籍し、iPS細胞をめぐる取材や記事執筆、新聞の紙面づくりにかかわりました。本の内容は、4人がそれぞれの取材をもとに分担して執筆しました。朝日新聞東京本社科学医療グループでiPS細胞の取材にかかわった同僚の記事や取材メモなども参考にしました。なお、この本に登場する研究者らの所属や肩書きは原則として取材した当時のものです。

日本発の画期的な発見が世界にどのように受け止められ、世界をどのように動かしていったのか。その過程をいっしょに見ていきましょう。

朝日新聞東京本社科学医療エディター　上田俊英

目次

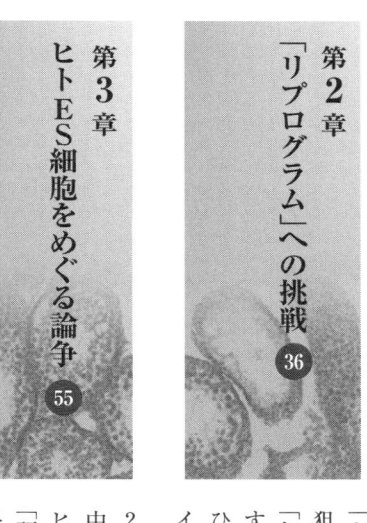

第5章 特許のゆくえ 85

第6章 応用への期待 106

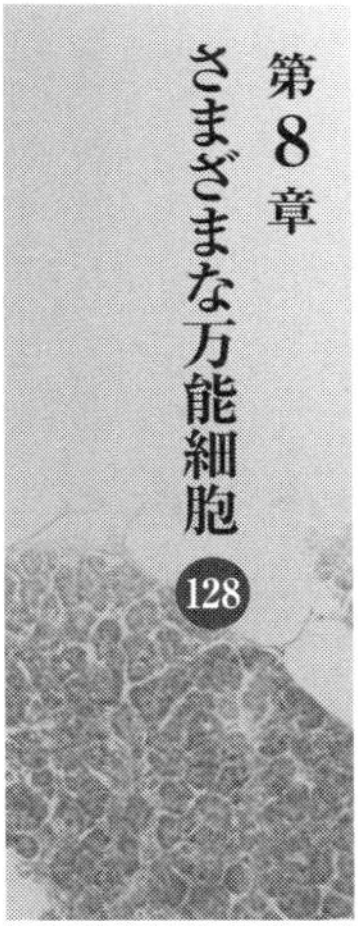

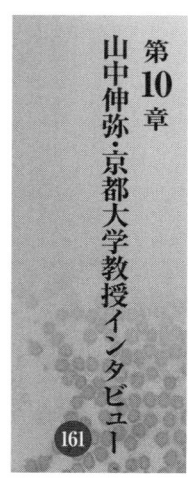

第1章　山中伸弥ストーリー

◆京都大学iPS細胞研究所

2010年4月、京都大学に新たな研究所が設置された。iPS細胞研究所（Center for iPS Cell Research and Application：CiRA　サイラ）だ。

「iPS細胞」を冠した研究所は世界でただ一つ。所長は山中伸弥・京都大学教授。受精卵のように、あらゆる組織の細胞になる能力をもつ「万能細胞」。その一つである「人工多能性幹細胞」を、マウスの皮膚の細胞から世界に先駆けてつくることに成功し、iPS細胞と名付けた。新たな万能細胞の登場は、世界の研究者をあっと言わせた。

研究所の内部が報道陣に公開された5月8日。キャンパスはテレビのクルーやカメラマン、記者らでごった返していた。

新築の研究所は地上5階、地下1階。実験室は研究者同士の情報交換や議論を活発にしたいという山中さんの要望で、仕切りを設けずにグループで共有する「オープンラボ」形式になっている。欧米の実験室に多いスタイルだという。

山中さんがかつて留学していたカリフォルニア大学サンフランシスコ校にあるグラッドストーン研究所（アメリカ・カリフォルニア州）も、オープンラボ形式だった。

山中伸弥・京都大学教授
© 京都大学iPS細胞研究所

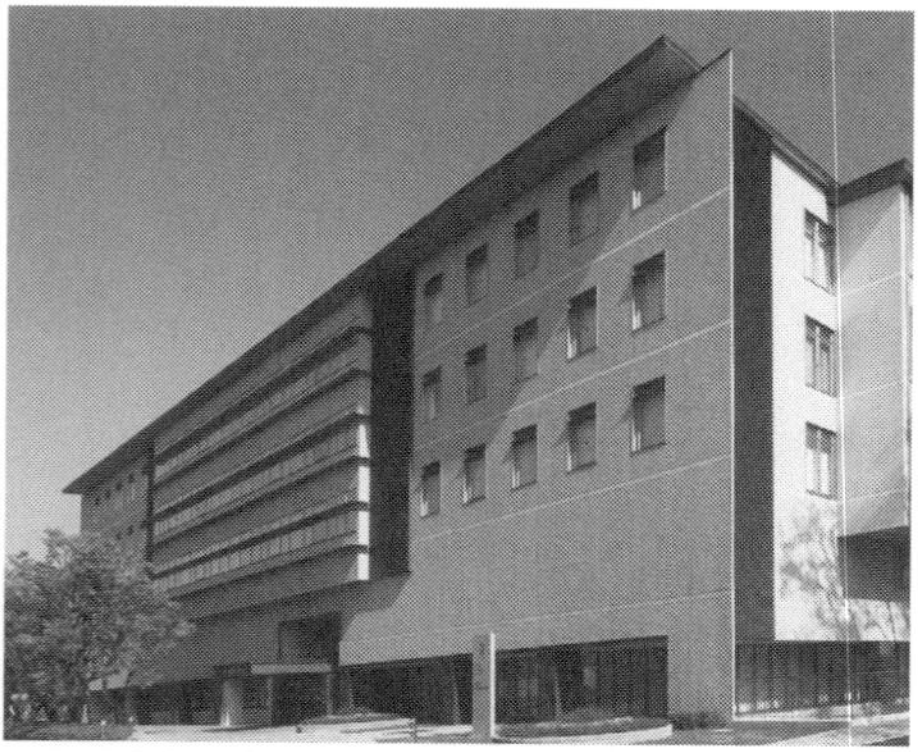
京都大学iPS細胞研究所（CiRA）
© 京都大学iPS細胞研究所

「トイレに行くたびに隣の人と顔を合わせ、研究について議論する。とても刺激的だった」と山中さんは振り返る。

山中さんはｉＰＳ細胞研究所が設立される意義について、ｉＰＳ細胞の作製方法など基盤となる技術を確立することや、特許を確保することを訴えた。そして医療への応用を実現するため、10年後までの目標として、多くの患者に適合するｉＰＳ細胞をあらかじめそろえておく「ｉＰＳ細胞バンク」を確立すること、実際に臨床試験を進めること、さらに特殊な病気をもつ患者の細胞からつくったｉＰＳ細胞を調べて治療薬の開発につなげることをあげた。

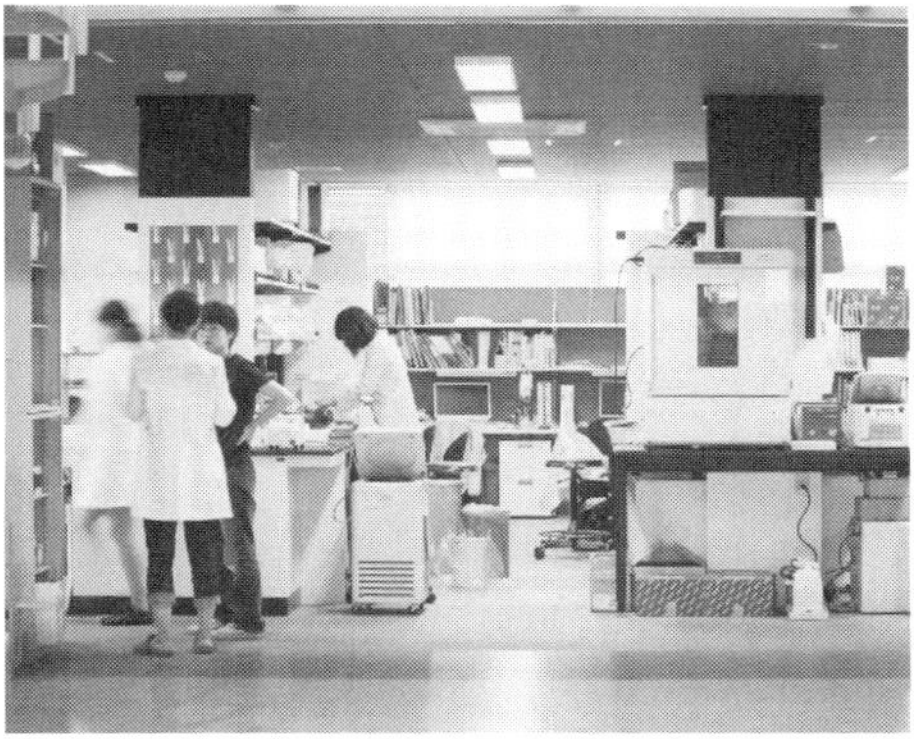
「オープンラボ」形式のCiRA研究棟
© 京都大学iPS細胞研究所

「10年後をめどに臨床応用にもっていきたい」

「患者のｉＰＳ細胞をつくって薬を探すシステムを立ち上げ、治療薬の開発に取り組む」

報道陣に向かって、山中さんはこんな抱負を語った。

生命科学や医療の世界に新たな研究分野を切り開い

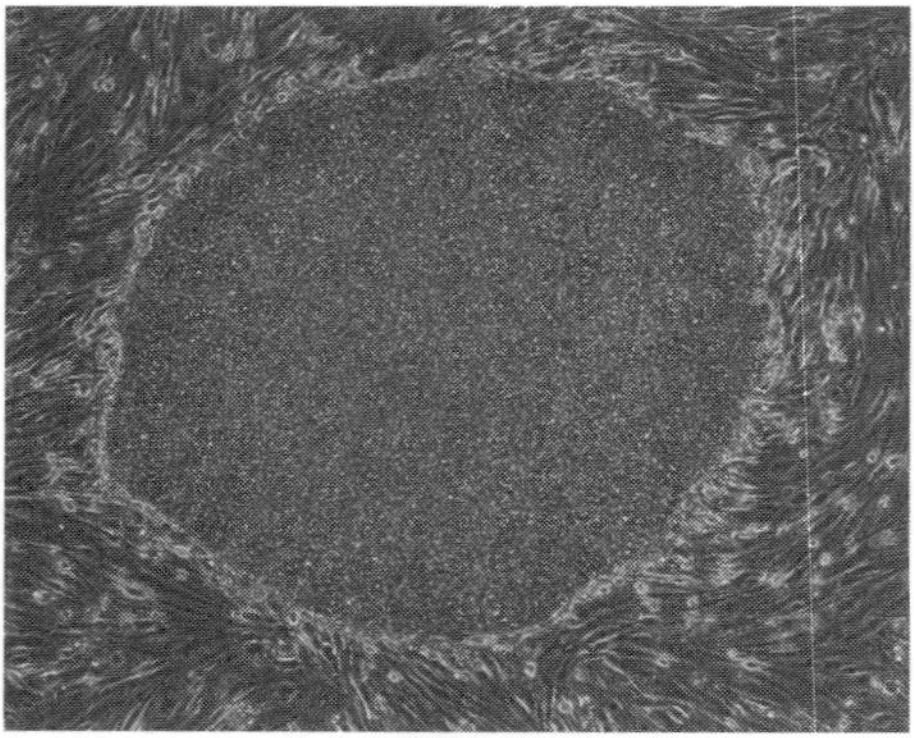

ヒトiPS細胞のコロニー（集合体）
コロニーの横幅は約0.5mm
©京都大学教授・山中伸弥

た。iPS細胞。山中さんが最初にマウスでつくったと発表してから、わずか4年足らずである。iPS細胞研究所の設置は、研究競争が怒濤《どとう》の勢いで加速していることを象徴していた。

◆2006年8月

iPS細胞を山中さんが「開発した」と発表したのは、2006年8月のことだ。

マウスのしっぽの皮膚の細胞に「Sox2」「Oct3/4」「Klf4」「c-Myc」という4つの遺伝子を入れると、ほとんどの種類の細胞に分化しうる「多能性」をもった、まるでES細胞（胚性幹細胞）のような細胞群が現れた、という内容だった。

ES細胞とは、受精卵を壊してつくる万能細胞だ。1981年にイギリス・ケンブリッジ大学のマーチン・エバンス教授らがまずマウスで作製に成功。1998年にはアメリカ・ウィスコンシン大学のジェームズ・トムソン教授らによって、ヒトのES細胞もつくられた。

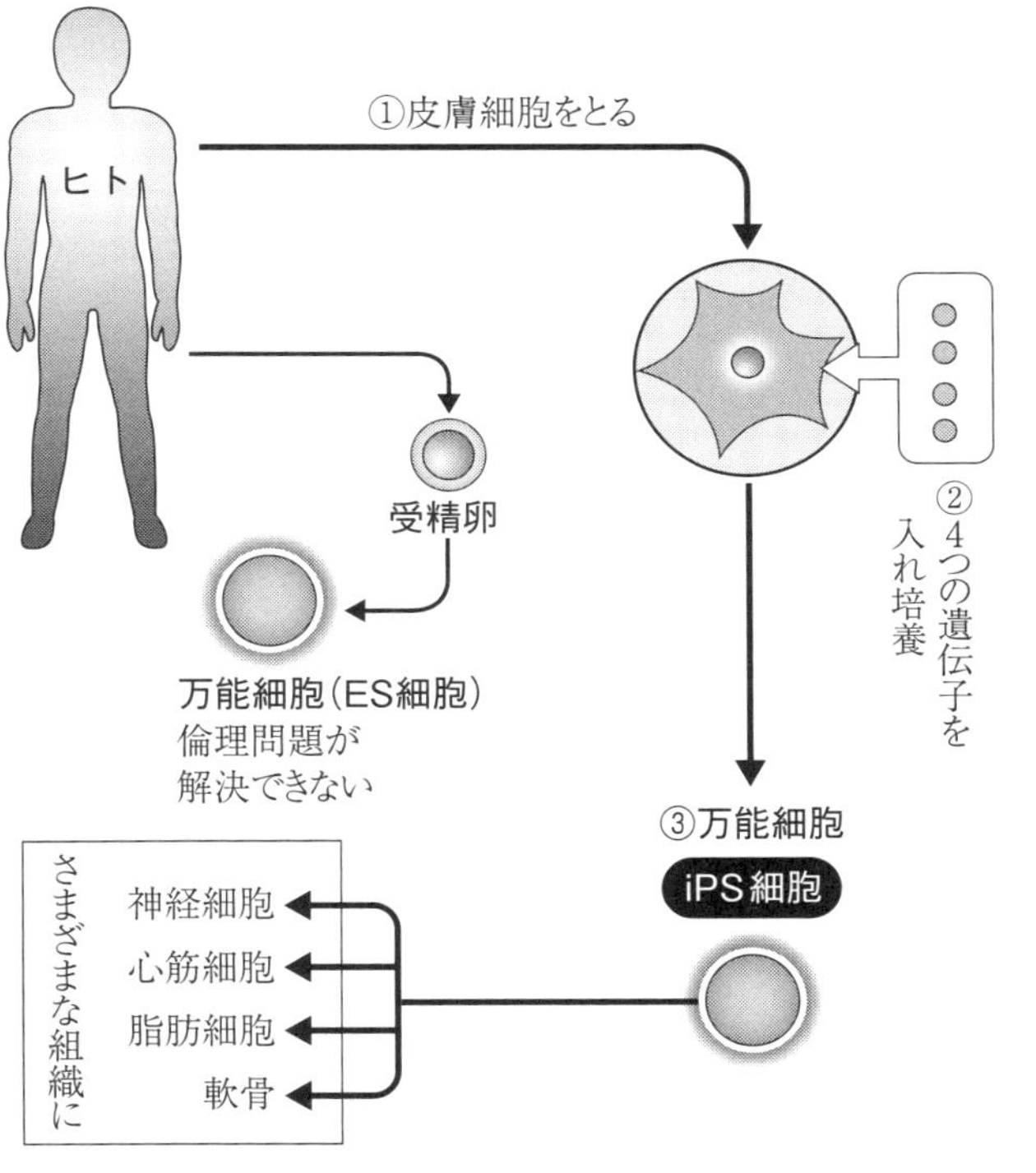

図1-1　ヒトのiPS細胞のつくり方

山中さんらの論文は14ページ。8月11日に、まずアメリカの科学誌『セル』の電子版に掲載され、次いで25日発行の同誌に載った。筆者は山中さんと、当時は京都大学で再生医科学研究所特別研究員だった高橋和利講師の2人。発表は、衝撃をもって、世界中の研究者やメディアに迎えられた。

　人間の体には約200種類、計60兆個の細胞があるとされる。それらの

図1-2　ES細胞のつくり方

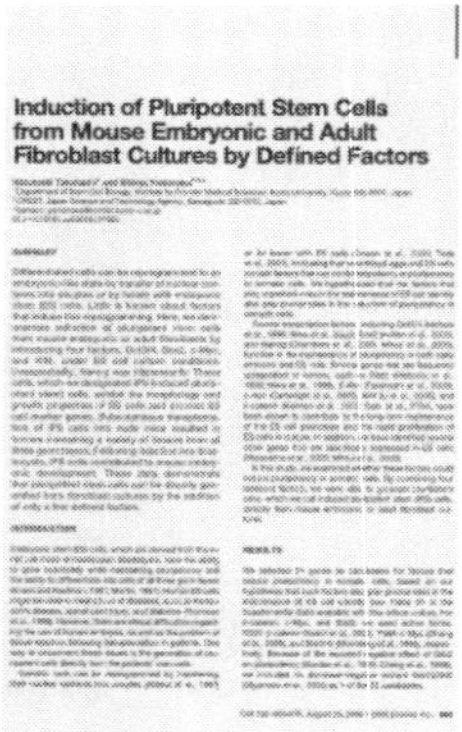
Induction of Pluripotent Stem Cells from Mouse Embryonic and Adult Fibroblast Cultures by Defined Factors

アメリカの科学誌「Cell」に載った論文
CellのHP（http://www.cell.com/home）より

おおもとは、「たった1個の受精卵」だ。この1個の受精卵が細胞分裂を繰り返すなかで、皮膚、肝臓や腸、神経といったさまざまな種類の細胞に分化し、人の体は形づくられていく。ちょうど幹から枝が、枝から葉ができていくように。そして、葉から幹に戻ることは、一般には「ない」と考えられていた。

もちろん、それまでも時計の針を巻き戻すように、分化した細胞をもとの万能性をもった状態に戻すことはできないか、という研究は進められていた。

60兆個の細胞は、赤血球などの特殊な細胞を除き、すべて同じDNAのセットを細胞内にもっている。細胞の種類が異なっていても、それは使う遺伝情報が違っているだけだ。どの体細胞も、もう一度、DNAをすべて使えるような状態に戻せれば、理論上は受精卵のような万能性を復活できる。

しかし、細胞の分化の仕組みは、わからないことだらけだ。複雑な分化の過程を巻き戻すなんて、おいそれとはできないだろう。ほとんどの研究者は、そう考えていた。

山中さんらはそれを、たった4つの遺伝子を導入するという簡単な方法で成し遂げた。研究者やメディアが驚いたのは、「まさか本当に巻き戻すことができるとは」という点だけではなかった。「そんな簡単な方法で本当にできるのか」という驚きだった。

◆「iPS細胞」と命名

山中さんは、新たな細胞を「iPS細胞」と名付けた。

英文の論文で使った名称は「induced pluripotent stem cell」。直訳すると「誘導された（induced）」「多能性（pluripotent）」をもつ「幹細胞（stem cell）」。特定の4種類の遺伝子を人工的に体細胞に導入してつくった多能性をもつ細胞という意味だ。その頭文字をとった。「i」だけ小文字にしたのは、ちょっとした遊び心だ。ちまたで流行《はや》っていたアメリカ・アップル社の携帯音楽プレーヤー「iPod」のように広く普及してほしいという願いを込めたという。

日本語では「人工多能性幹細胞」と訳されている。ちなみに体細胞に導入した4つの遺伝子の組み合わせは、今では「山中ファクター（因子）」と呼ばれている。

わずか4つの遺伝子を細胞に導入するだけで、多能性をもつ細胞が生まれる。このあまりに簡単な方法による型破りな成果は、山中さん自身にも驚きがあったという。

山中さんらがiPS細胞づくりに成功する2年ほど前の2004年2月、韓国・ソウル大学の黄禹錫《ファンウソク》教授らのチームが世界で初めて「ヒトのクローン胚からES細胞をつくった」と発表した。ところが、この成果は後に捏造《ねつぞう》だったことが判明して、一大スキャンダルに発展した。

また同じようなことが起これば、アジアでの研究そのものが信頼を失ってしまう。山中さんらは「『京都の水を使ったからiPS細胞ができた』といわれないようにしよう」と、慎重に慎重を重ねたという。

マウスのiPS細胞作製を発表した2006年8月の論文の筆者が山中さんと高橋講師の2人だけだったのも、こうした思いが反映している。研究室でこの成果に貢献した研究者は、ほかにもいた。しかし、共同筆者にするのは泣く泣く断念した。

「万が一、成果に誤りがあったとき、ほかの研究者を巻き込むわけにはいかない」

山中さんはそう考えたのだという。

今、山中さんは、

「この研究に携わったほかの研究者も載せておけばよかった」

と話す。

◆奈良から京都へ

iPS細胞を生み出す研究の「種」は、2000年春に蒔《ま》かれていた。

山中さんはその前年の1999年の12月、奈良先端科学技術大学院大学に助教授として採用され、自分の研究室をもった。上に立つ教授がおらず、自分の裁量で研究を進めることができる環境は、初めてだった。

奈良先端科学技術大学院大学には、もともと所属する大学生がいない。学生はほかの大学を卒業した後、大学院生として入学してくる。入学直後に学生が研究室を選び、所属する仕組みになっている。

山中さんは、当時は無名の一研究者に過ぎなかった。知名度のない研究室に果たして学生が来てくれるだろうか。「学生の心をとらえる研究方針を掲げないと、学生が1人もいない研究室になりかねない」と山中さんは焦った。

「はったりでもいい。夢のある研究を。夢のある大きなテーマを掲げれば、だまされてくる学生がいるかもしれんなあ」

自らの研究を紹介し、研究室への勧誘をするプレゼンテーションで、山中さんがぶち上げたのが、体細胞の時計の針を巻き戻して、多能性のある細胞をつくるという研究テーマだった。

そのためには、すでに知られていた万能細胞のES細胞を徹底的に調べるのが近道だ。しかし、ES細胞からさまざまな種類の細胞に変化させる研究は、すでに世界中で進んでいた。

「じゃあ、逆を行く」

すでに分化した体細胞を、ES細胞のような多能性をもつ細胞に巻き戻そう。山中さんは、そう考えた。

◆幹細胞

すべての生き物は、細胞からできている。たった1個の細胞からできている生物もいれば、例えばヒトは、約60兆個の細胞から成っている。

しかし60兆個もの細胞も、元をたどればたった1個の細胞である受精卵だ。それが分裂を繰り返し、ヒトのあらゆる組織や臓器がつくられる。このように、生物が発生する過程で、細胞がある目的にあった形や機能をもつように変化していくことを、「細胞の分化」と呼ぶ。ただし、いったん分化した細胞(体細胞)は、ふつうさらに分化することはない。つまり、いちど心臓になった細胞が肝臓の細胞に変わることはないし、皮膚の細胞が神経細胞に変わることもない。分裂しても、同じ細胞が2個できるだけだ。

ところが、分化する前のままの状態で存在し、他の種類の細胞を生み出すことができる細胞

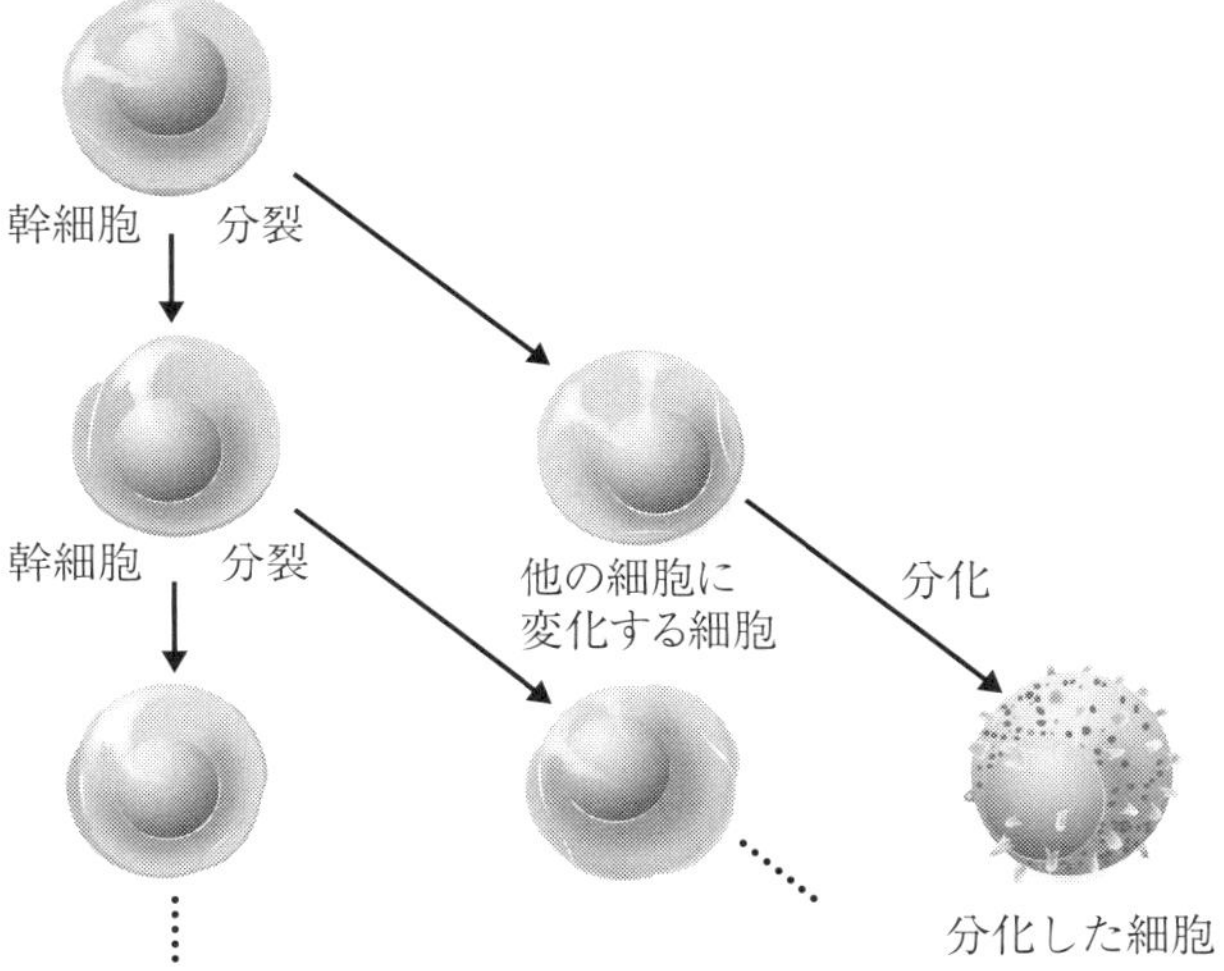

図1-3　幹細胞

「幹細胞ハンドブック」（京都大学物質－細胞統合システム拠点iPS細胞研究センター）をもとに制作

が、ほんの少数ではあるが、体内にある。図1－3のように、「自分自身」と「他の細胞に変化する細胞」に分裂する細胞である。これを「幹細胞」と呼ぶ。

幹細胞は、生物にとってなぜ必要なのだろうか？

分化した細胞も、そのほとんどが細胞分裂して増えることができる。しかし、分化した細胞は数十回分裂すると、それ以上は分裂できなくなってしまう。もし新陳代謝や傷の修復のために分裂を繰り返し、分裂が「打ち止め」になってしまったら、その個体は生存が困難になるだろう。しかし、幹細胞があれば、何度でも分裂が可能なので、一生を通じて分裂が可能になる。

幹細胞にも、いくつかのタイプがある。

幹細胞の話に必ず例として挙げられているプラナリアは、体内のどんな細胞でも生み出すことができる幹細胞を体内に持っているため、切断されても、その片々が元どおりのプラナリアに再生することができる。このような、どんな細胞にでもなれる幹細胞を「多能性幹細胞」という。

しかしヒトの体の中には、残念ながら、プラナリアのような多能性幹細胞は存在しない。ヒトがもっている幹細胞は、赤血球や白血球・血小板などをつくる造血幹細胞、神経細胞をつくる神経幹細胞、肝臓の細胞をつくる肝臓幹細胞など、限られた細胞にしか分化しない。このような幹細胞を、成体幹細胞という。そのほか、ヒトの幹細胞には上皮幹細胞、生殖幹細胞、骨格筋幹細胞などが見つかっている。

◆万能細胞

もしヒトにもプラナリアのような多能性幹細胞があったとしたら、事故で腕を切断したとしても、元のとおり再生できる。ヒトの体内には多能性幹細胞はないが、もし人工的に多能性幹細胞をつくることができたら、医療は飛躍的な進歩をとげるだろう。なにしろ、心臓が悪ければ心臓の細胞を、肝臓が悪ければ肝臓の細胞を、体のどの部分でも再生することができるのだから……。

そんな夢のような医療の扉を開いたのが、イギリスの生物学者マーチン・エバンス教授がつくったES細胞だ。受精卵が分裂をはじめて胎児になるまでの、細胞の塊の状態を胚という。ES細胞はその胚の内部の細胞を取り出し培養したものだ。ES細胞は多能性をもつ。マウスのES細胞はマウスのあらゆる細胞になる能力をもち、ヒトの受精卵から作ったES細胞はヒトのあら

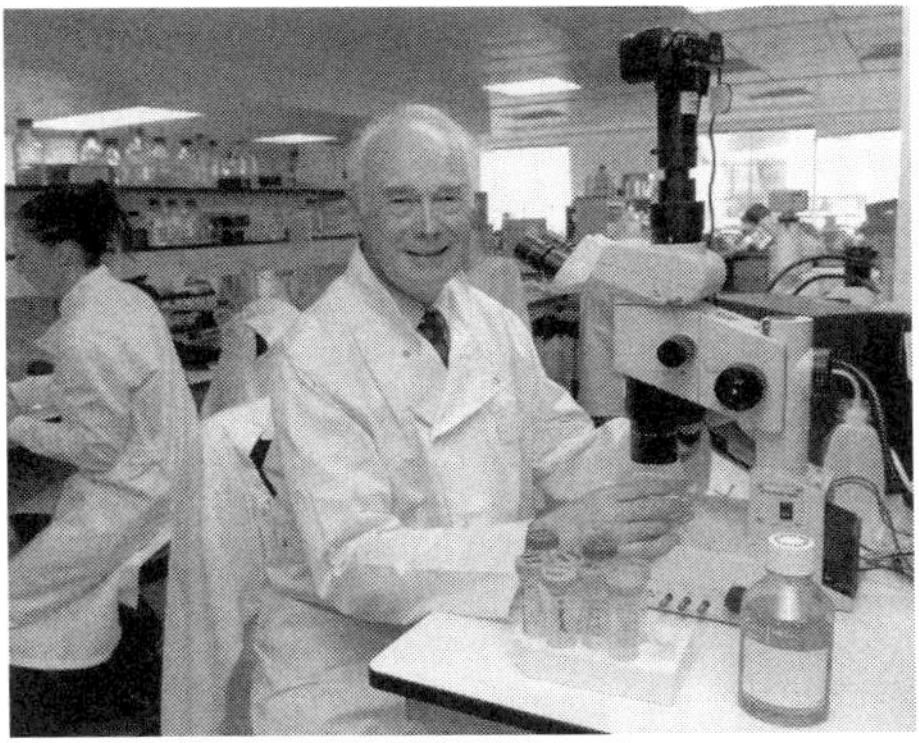

マーチン・エバンス教授
©PPS

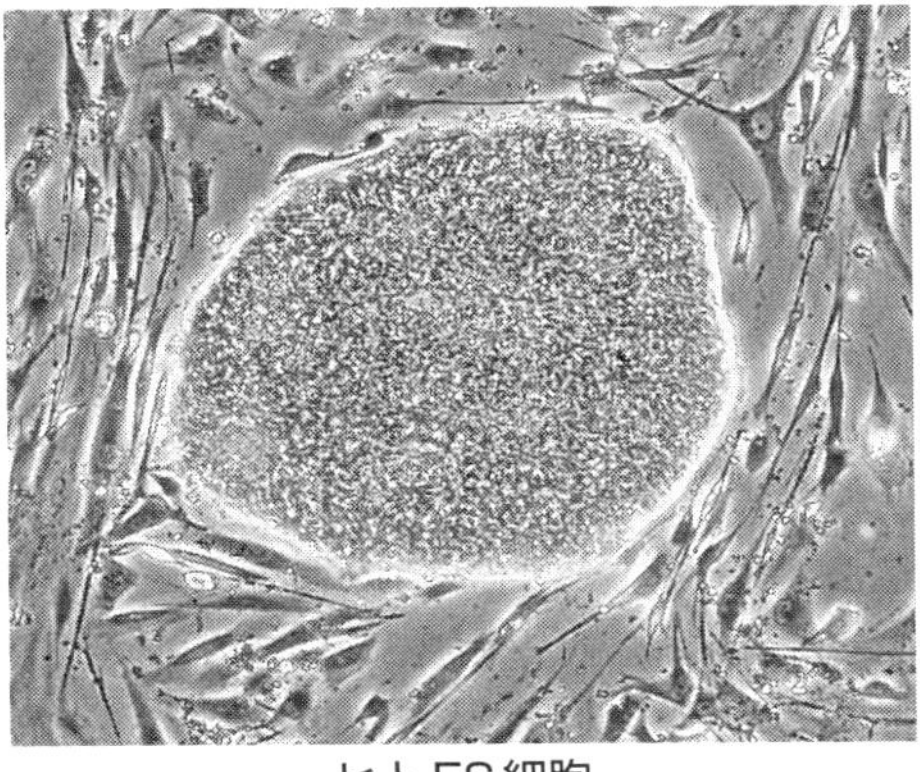

ヒトES細胞
首都大学東京井上順雄教授提供

ゆる細胞になる能力をもつ。このため、ES細胞は「万能細胞」とも呼ばれている。エバンス教授は2007年にノーベル医学生理学賞を受賞した。

◆分化の謎

たった1個の受精卵から分化した細胞は、赤血球など特別な細胞以外は、すべて受精卵と同一のDNAをもっている。しかし、分化した細胞は、他のすべての細胞のDNAももっているにもかかわらず、他の細胞に変化することは絶対にない。ただ一つの例外が、がんだ。

分化して生体のある機能を受け持つようになった細胞が他の細胞に変化したら、たとえば心筋に分化した細胞が突然皮膚の細胞に変わってしまったら、生体の全システムは崩壊し、個体の生存は不可能になる。分化した細胞にとって、多能性は不要であるどころか、どんなことがあっても抑え込んでおかなければならないのだ。そのため他の細胞に変化しないように、分化した細胞のDNAは厳密に管理されている。これが体細胞の「時計の針を巻き戻す」ことができない理由だ。

しかし、もし分化した細胞の「DNAの鍵をはずす」ことができれば、皮膚の細胞から多能性をもった幹細胞、つまり万能細胞をつくることができる。

◆万能化させる遺伝子があるはずだ

山中さんの必死のプレゼンテーションの末、３人の若者が研究室に飛び込んできた。「ほっとした」と山中さんは振り返る。今、山中さんは講演などで「３人がそれに引っかかってくれまして」と冗談めかして話す。高橋講師もその中にいた。

とはいえ、山中さんはただやみくもに研究方針をぶち上げたわけではない。ヒントはあった。

１９５０年代後半から60年代にかけて、当時イギリス・オックスフォード大学のジョン・ガードン博士が、アフリカツメガエルのオタマジャクシの腸の細胞から核を取り出し、あらかじめ核を抜いておいた卵子に入れると、その卵子の一部がカエルに成長することを明らかにした。こうして生まれたカエルは、核を提供したカエルと同じ遺伝情報をもつ。脊椎動物で初めての「クローン」の誕生だった。

１９９７年2月には、イギリスのロスリン研究所のイアン・ウィルムット教授らが、今度は羊のクローンをつくったと発表した。「ドリー」である。

ウィルムット教授らは羊の乳腺の細胞から核を取り出し、あらかじめ核を抜いておいた卵子に移植した。これを「代理母」の羊の子宮に入れることで、乳腺の細胞を取り出した羊と遺伝的に同じクローン羊を誕生させることに成功した。

こうした先人たちの成果から、「体細胞の核を初期化して再び万能性をもたせることができる物質は、卵子の中にあるに違いない」と推測されていた。

◆「運」をつかむ

山中さんが研究をスタートさせた後にも、新たな成果が報告されていた。

山中さんが「研究のヒントをもらった」と、よく名前を挙げる研究者がいる。京都大学の多田高・准教授だ。

どんな組織の細胞にもなる能力をもつES細胞は、1981年にイギリス・ケンブリッジ大学のマーチン・エバンス教授らがまずマウスで、次いで1998年にはアメリカ・ウィスコンシン大学のジェームズ・トムソン教授らがヒトでも作製に成功した。

ES細胞は、狙った細胞や組織をつくって治療に使う「再生医療」を実現するための切り札といわれてきた。しかし、ES細胞は受精卵を壊してつくるため、倫理的な障害がつねにつきまとう。また、ES細胞から治療に必要な組織をつくっても、患者にとっては受精卵を提供した「他人」の細胞だから、移植すると拒絶反応を起こす心配もある。

多田さんはこうした課題を解決しようと、研究に取り組んでいた。そして、マウスのリンパ球などの体細胞とES細胞に電気ショックを与えて、融合させてみた。すると、なんと体細胞が万能性を獲得した。論文を2001年に発表した。

この論文を読んだ山中さんが「ひらめいた」。

ケンブリッジ大学のジョン・ガードン教授のアフリカツメガエルのクローンも、エディンバラ大学ロスリン研究所のクローン羊「ドリー」も、体細胞の核を卵子に入れて、誕生させた。分化した体細胞の核を初期化したパワーは、きっと卵子にあるに違いない。多くの研究者がそう考えていた。

ところが、多田さんは卵子を使っていない。

万能性を取り戻すのに必要な因子はES細胞にあって、その因子が体細胞の核に移ったのではないか。そうだとすれば、ES細胞にあるそれらの因子を見つければ、体細胞を直接、初期化して、万能細胞に変えることができるはずだ。山中さんは、そう考えた。

世界のライバルたちは一斉に、体細胞の初期化を目指す「山登り」に挑み始めていた。

「そのとき、最もできるはずがないという手法で登ろうとしたのが、山中さんでした。できるはずがないと言われても、説得してやり続ける情熱が科学には重要です。山中さんの情熱が、だれよりも勝った。そして運をつかむ才覚があった」

多田さんは、そう振り返る。

山中さんは、たしかに運をつかんだ。人の遺伝子は2万2000個ほどあるといわれる。ちょうどiPS細胞づくりに挑み始めたころ、理化学研究所ゲノム科学総合研究センターがマウスの遺伝子のデータベースを公開した。このデータベースを活用して、山中さんはまずES細胞で特徴的に働く100個ほどの遺伝子リストを作った。そして、動物実験で一つずつ可能性を消していった。

「自力では10年はかかると思ったが、4年ほどで候補を24個まで絞り込んだ」と山中さんは言う。山の頂上は、もう目の前にあった。

山中さんが京都大学再生医科学研究所に教授として移ったのは、ちょうどそのころだった。

◆あやしい24個の遺伝子

「この中に、本当に万能性を導く遺伝子があるのだろうか」

高橋講師らと議論を繰り返した。そして、たどり着いた結論が「とりあえず全部を細胞に入れてみよう」ということだった。24個の遺伝子の中に初期化に有効な遺伝子があるのなら、全部入れれば何とかなるのではないか。そう考えたからだ。

細胞のDNAに遺伝子を組み込むためには、レトロウイルスベクターという運び屋を使う。ベクター（vector）とは数学のベクトルと同じ綴りで、遺伝子工学の場合は「遺伝子の運び屋」の意味である。

ウイルスは、しばしば「生物と無生物のあいだの存在」とか「感染性の粒子」などと呼ばれることがある。それは、遺伝物質である核酸（ＤＮＡやＲＮＡ）をもっているにもかかわらず、その遺伝情報からタンパク質を合成する能力も、エネルギーをつくり出す能力もないからだ。増殖のためには、動物や植物またはバクテリアなどの細胞に寄生して、寄生した細胞のリボソームを利用する。

ウイルスの中でもレトロウイルスは、遺伝情報をＲＮＡとしてもっていて、逆転写酵素を使って自分の遺伝情報を寄生した細胞のＤＮＡに組み込んでしまう。生物の細胞では、タンパク質を合成する際に、まずＤＮＡの遺伝情報がＲＮＡに転写され、転写されたＲＮＡを元にリボソームによって合成される。レトロウイルスは、逆にＲＮＡからＤＮＡという道筋で遺伝情報を転写する。遺伝子工学では、このレトロウイルスの性質をベクターとして利用し、目的の遺伝子を組み込むのである。

培養しているマウスの細胞に、細胞の中に遺伝子を持ち込むレトロウイルスをつくって24個の遺伝子すべてを導入してみた。そのまま培養を続けると、なんとＥＳ細胞のような細胞の塊があらわれた。カギとなる遺伝子は、やはり24個の遺伝子の中に存在していた。

「実を言うと、24個の中に正解があるという確信はなかった。まさに宝くじに当たったようなもの」と山中さんは言う。

24個すべてが必要なのか。もっと絞り込めないか——。

「遺伝子を1つずつ抜いた計23個をそれぞれ細胞に入れていく。その抜いた遺伝子が本当に必要なら、うまくいかないはず」

まるでパズルを解くような実験を提案したのは、高橋講師だった。

「それを聞いたとき、ほんまにこいつ、賢いんちゃうか、と思いました。ま、僕も2日もあれば思いついたと思いますが」山中さんは今、冗談交じりに高橋講師の功績を讃《たた》える。

24個の遺伝子から1つだけ抜いた23個の遺伝子の組み合わせをつくる。実験を進めると、特定の4つの遺伝子を抜いた組み合わせだけ、培養がまったくうまくいかなかった。

「Sox2」「Oct3/4」「Klf4」「c-Myc」

後に「山中ファクター」と呼ばれるようになる4つの遺伝子だった。

◆研究者への道

山中さんは1962年、大阪府東大阪市に生まれた。

医師を志したのは、中学・高校で柔道をしていたからだ。けがや骨折が多く、よく整形外科に通っていたことがきっかけだった。

1981年に神戸大学医学部に入学。ラグビー部に入った。そこでもけがが絶えなかった。そこで、スポーツ医学を進路として考えるようになった。

「スポーツでけがをしたり、障害を負ったりした患者の治療にあたる専門医になろう」

１９８７年春に卒業して、整形外科の臨床研修医として国立大阪病院（現・国立病院機構大阪医療センター）に勤めた。大阪城のそばにある立派な建物の病院で、「こんなに素晴らしい病院でトレーニングができる自分は、なんてラッキーなんだろう」と思ったという。

ところが、新米医師を待ち構えていたのは、想像をはるかに超えたとても厳しい教育だった。山中という名前すら呼んでもらえず、２年間、「ジャマナカ」と呼ばれた。「ホンマにジャマや」と言われ続けた。

高校時代から目指していた整形外科だが、だんだん自分には向いていないのではないかと感じるようにもなった。ふつうなら10分ほどで終わる手術が、１時間も2時間もかかった。

「腕の悪い医者だった」と山中さんは振り返る。

中学・高校時代の友人の手術時には、途中で麻酔が切れかけ、「すまん」と思わず声をかけたこともあった。その友人は「びっくりした。ほんまに大丈夫かと思った」と笑う。

自分の腕の未熟さを嘆く一方で、山中さんは医療そのものの限界も感じ始めていた。

「自分の力量を別としても、その当時の医療では治せない患者がたくさんいた。どうにかしないと、と思った」

そんな患者を何とか治す方法がないものか。

「基礎研究でその道を探るしかない」

大阪市立大学の大学院医学研究科に入り直し、基礎研究に飛び込んだ。専攻は薬理学。医師になって2年後の1989年のことだ。

入学したら、最初は論文を読めといわれた。3ヵ月くらいたってから、初めての実験をさせてもらった。研究室の指導教官の仮説を確かめるために、イヌにある薬の注射をしてから、血圧を測定する実験だった。

仮説では、血圧は下がらないはずだったのに、予想に反してイヌの血圧が下がった。どうしようと思っていたら、1時間後に元の血圧に戻った。山中さんは指導教官のもとに走っていき、「すごいことが起こりました」と報告した。

このとき、山中さんは、大事なことを3つ学んだという。

一つは、科学は予想できない驚きに満ちているということ。

次に、新しい治療はいきなり人に試してはいけないということ。何が起こるかわからないから、十分に安全性と効果を確かめる必要がある。

そして最後に、先生の言うことを信じてはいけないということ。

高校では教科書に書いてあることを勉強し、その通りに覚えないと、試験でいい点はとれない。しかし、今の教科書だって、10年後には変わっている可能性がある。

「研究でがんばろう」と山中さんは決意した。

博士課程を終えようとするころ、山中さんは「一人前の研究者になりたい。そのためにはアメリカに行かないと」と考えるようになった。科学雑誌に載っている研究員募集に、片っ端から応募した。30通くらい手紙を書いたが、ほとんど返事がこなかった。

◆サンフランシスコ留学が転機に

最初に返事をもらったのは、カリフォルニア大学サンフランシスコ校のグラッドストーン研究所からだった。電話で面接を受け、大学院修了後の1993年春にポスドクとして渡米した。この留学が大きな転機となった。

グラッドストーン研究所の所長から、まず「研究で成功するためには、VWが必要だ」と教わった。VWといっても、自動車メーカーのフォルクスワーゲンのことではない。ビジョン（Vision）とハードワーク（Hard Work）だった。

アメリカ人はハードワークは苦手でも、ビジョンが素晴らしい。素晴らしい仮説をたて、こういう実験をすればいいと考える人が多い。一方、日本人にはハードワークが得意な人が多い。山中さんはそう感じていた。

「ハードワークだけではダメ。ビジョンが必要だ」と山中さんは思った。

アメリカで学んだのは、研究の仕方や、研究に対する姿勢だけではなかった。大きな収穫は、聞く人を話に引きつけるプレゼンテーションの方法を学んだことだった。

山中さんの講演では、必ず笑いが起きる。「一つのプレゼンテーションで、必ず一つは笑いを」。山中さん自身が、そう考えているという。

髪の毛の毛根からiPS細胞をつくることができるという報告がヨーロッパであったことを紹介し、

「でも僕はほかの細胞でお願いしたいですが……」

自らの「薄毛」をギャグに仕立て上げて、会場を爆笑に落とし込む。

「笑いに対して、関西の人はアメリカ人と、関東の人はヨーロッパの人と似ている」

研究者としての自信をつけて、帰国。1996年1月に日本学術振興会の特別研究員になり、この年の10月には大阪市立大学医学部薬理学教室の助手になった。

とりあえず順調なスタートのように思われた。

◆「ネズミの掃除係」からの脱却

ところが、研究室では無力感にさいなまれた。

アメリカでは、マウスの世話は専門の技術者がしていた。研究者は実験と分析に没頭できた。

しかし、日本ではマウスの世話をしながらの研究が現実だった。週2回、フンなどで汚れたマウスのケージを自分で掃除した。狭い実験室で一人で実験を続けていると、気が滅入った。「いい研究だ」と評価されつつ、研究についての理解もなかなか得られない。

「PAD」に陥った。山中さんの造語で「ポスト・アメリカ・ディプレッション」の略。アメリカ留学後の鬱《うつ》という意味だという。留学先のアメリカと、帰ってきた日本の研究環境のあまりの違いに戸惑い、がっくりしてしまったのだ。

「自分は研究者なのか、ネズミの掃除係なのか、わからない」と思った。

「また臨床医に戻ることはできるだろうか。手術は下手だけれど、臨床医に戻った方がまだ少しは役に立つのではないか」とまで考えた。

基礎研究をやめるきっかけをつくるため、「家を建てれば否応なしに病院勤めをしなければならないだろう」と、土地を買おうとしたこともあったという。奈良先端科学技術大学院大学の助教授の募集を見つけたのは、ちょうどそんなころだった。

「これがダメだったら、諦めもつく。どうせ採用されるわけがない」

基礎研究に見切りをつけるきっかけにしようと応募したところ、採用された。１９９９年12月、奈良先端科学技術大学院大学で、初めて自分の研究室を構えた。翌春から学生らと研究を続けていくうちに、「PAD」は消え去っていった。

第2章　「リプログラム」への挑戦

◆「ドリー」の衝撃

２００８年3月、イギリスのスコットランド。古都エディンバラにある国立博物館の展示室を進んでいくと、何の変哲もない白い羊の剝製《はくせい》が、ゆっくり回転しながらスポットライトを浴びていた。世界で最も有名な羊「ドリー」だ。

ドリーはクローン羊だ。彼女は、こんなふうにして生まれた。

まず大人の羊の乳腺細胞から核を取り出し、核を除いた卵子に移植した。この卵子を「代理母」役の別の羊の子宮に入れ、１９９６年7月5日に誕生した。遺伝的には乳腺の細胞を取った羊とまったく同じ。クローンと呼ばれるゆえんだ。

ドリーは「動物は受精卵から生まれる」というそれまでの概念を覆した。ドリーを見た人たちのなかには「クローン人間も、できるかもしれない……」と胸騒ぎを覚えた人もいただろう。まったく同じ遺伝子をもった人間を、人の手でつくり出す。そんなSFの話が、ドリーの登場で一気に現実味を増した。

ドリーの生みの親は、イギリス・エディンバラ大学のイアン・ウィルムット教授だ。研究室を訪ねた。

イアン・ウィルムット教授
©朝日新聞社

世界で最も有名な羊「ドリー」の剥製
©朝日新聞社

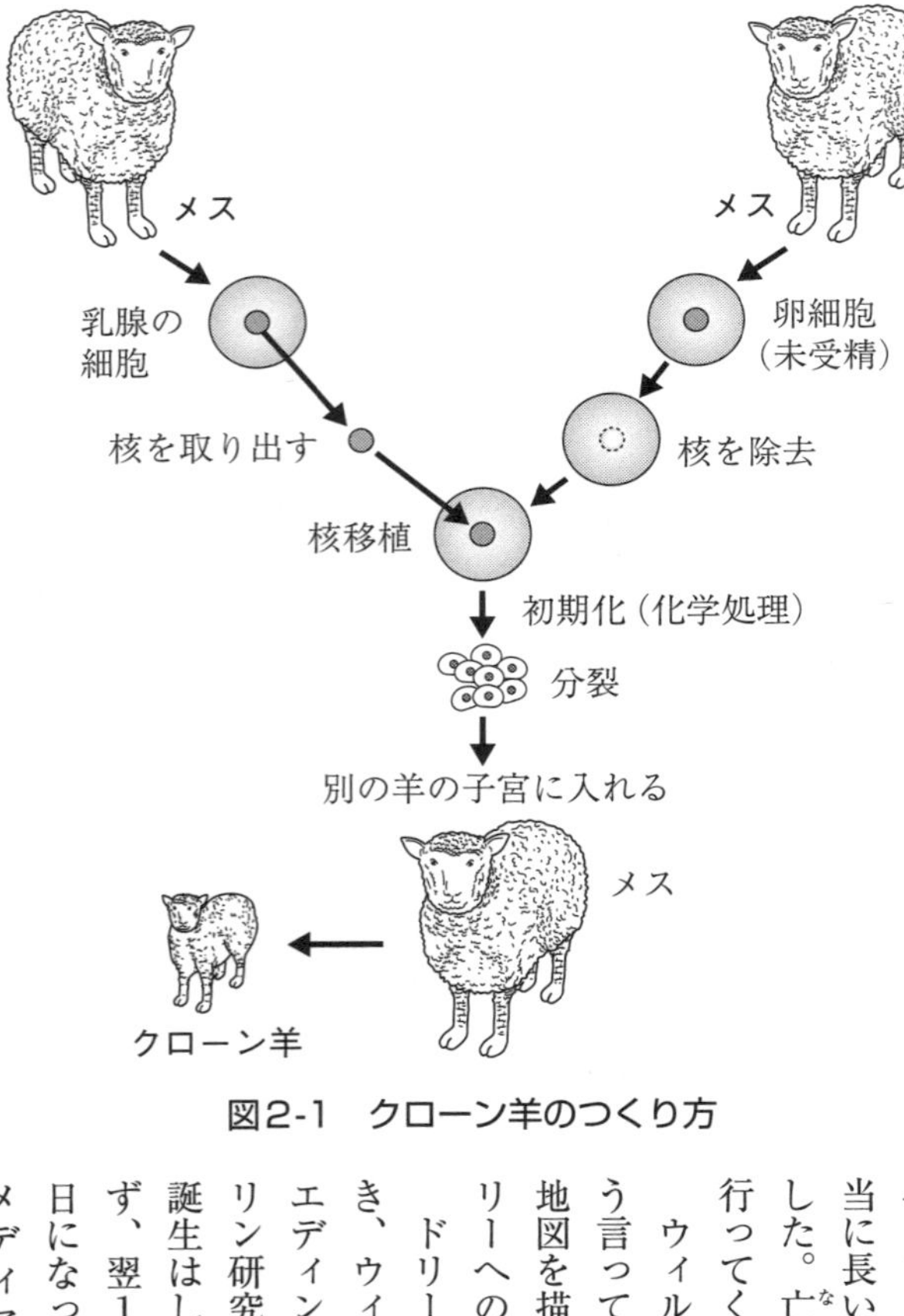

図2-1　クローン羊のつくり方

「ドリーの誕生には、本当に長い時間がかかりました。亡《な》き骸《がら》をぜひ見に行ってください」

ウィルムット教授はそう言って、博物館までの地図を描いてくれた。ドリーへの愛着は健在だ。

ドリーを誕生させたとき、ウィルムット教授はエディンバラ近郊のロスリン研究所にいた。その誕生はしばらく公表されず、翌1997年2月22日になって、イギリスのメディアが一斉に報じた。
「世紀の羊」誕生のニュースに、世界中が大騒ぎになった。

「クローン羊」誕生
英研究所で世界初
すごい仕事だ

当時の朝日新聞（2月24日付夕刊）の見出しからも、その驚きが伝わってくる。
ドリー誕生の詳細は2月27日付のイギリスの科学誌『ネイチャー』に掲載された。それによると、ウィルムット教授は乳腺の細胞を特殊な条件で培養し、万能性を復活させた。その後、その核を未受精の卵子に移植し、「代理母」の子宮に入れた。277個の卵子を使い、成功したのはたった1個。それがドリーだった。

◆狙いは「生きた薬工場」

ドリーの誕生を受けて、世界保健機関（WHO）は「人間のクローニングは容認できない」という声明を発表した。世界各国の議会や専門家委員会でも、倫理問題の検討が始まった。

しかし、ウィルムット教授の研究の狙いは、クローン人間づくりとはまったく無関係だった。彼の研究には、もっと「実利的な目標」があった。ウィルムット教授らに研究資金を提供していたのは、イギリスのバイオ企業のＰＰＬ社。同社は、クローン羊を「生きた薬工場」として使おうともくろんでいた。

たとえば羊の体細胞の中に、薬になるヒトのタンパク質をつくる遺伝子を組み込む。この細胞の核を使ってクローン羊をつくれば、全身の細胞にヒトの遺伝子が組み込まれた羊が誕生する。このヒトの遺伝子は乳腺細胞にも組み込まれるから、この羊は薬になるタンパク質が入った乳を出す。また、ヒトの病気の遺伝子を組み込んだクローン羊をつくれば、病気になる仕組みを探ったり、治療薬を試したりするのに役立つ。

当時、カエルではクローンがつくれることが確認されていた。オタマジャクシの細胞の核を卵子に移植すれば、クローンのカエルがつくれる。しかし、すべてがちゃんとカエルにまで成長するわけではなく、その理由もわかっていなかった。

ましてや、哺乳類のクローンづくりは、だれも成功していなかった。

ウィルムット教授らは、細胞がもつ「細胞周期」に着目した。細胞がＤＮＡのコピーをつくって分裂していく周期的な過程のことだ。

細胞は分裂した直後、ＤＮＡにキズが入っていないかどうかを調べる。この期間を「G_1期」と

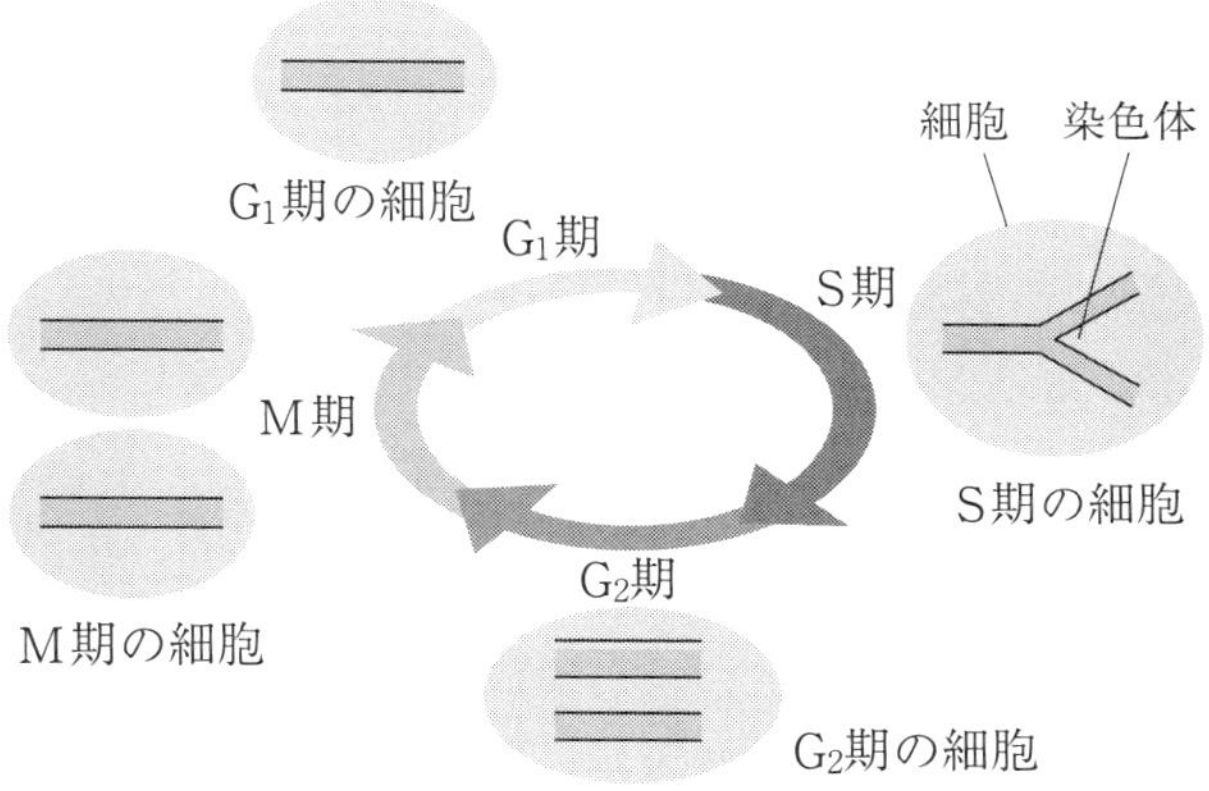

図2-2 細胞周期

いう。キズが入っていないことを確認した後、細胞はＤＮＡ合成を始める。これが次の「Ｓ期」だ。Ｓ期が終わると、細胞は再びＤＮＡのキズの有無を調べる。これがその次の「G_2期」。ここでキズが入っていないことが確認できたら、最終的に分裂する「Ｍ期」という段階に入る。細胞は、こうしたプロセスを繰り返して分裂していく。

「核を除いた卵細胞の周期と、新たに加えた核の周期が同期しないと、うまくクローンがつくれないだろう」

そう考えたウィルムット教授は、細胞周期の専門家を雇った。

実際、細胞周期を同期させることは、とても難しかった。そこで、専門家の意見をもとに、体細胞を栄養不足の状態で培養した。細胞分裂をやめて休んでいる状態の「G_0期」においておけば、同期しやすいのではないかと考えたからだ。
この作戦が世界初の成果へと導いた。

◆「初期化」の謎

ドリーは生まれた。しかし、どうして生まれたのか。体細胞の核になぜ受精卵のような万能性がよみがえったのか。細胞の中の分子レベルでの仕組みは、わからなかった。

体細胞の核にあった遺伝子が、受精卵の遺伝子のような状態に「初期化」（リプログラム）されたことは間違いない。

「初期化には、卵子の中にある特定の遺伝子の働きのほかに、もっと多くのタンパク質が複雑に作用している」

ウィルムット教授はこう予測し、仕組みを探る実験にも取り組んだ。しかし、初期化された詳しい仕組みは謎のままだった。

ドリー誕生を発表後、アメリカ科学振興協会（ＡＡＡＳ）に招かれ、ワシントンで講演したとき、ウィルムット教授はこう締めくくった。

「とても難しい仕事でした。しかし、将来、だれかが解明することでしょう」

ドリー誕生から10年後の２００６年、その謎が解かれた。京都大学の山中伸弥教授らが、体細胞にたった4つの遺伝子を入れるだけで、受精卵のような細胞に初期化できることを見つけた。iPS細胞だ。初期化に必要だったのは、世界の多くの研究者が考えていたような複雑な方法ではなかった。

「革新的な成果でした。私の考えは間違っていました。たいへん衝撃を受けました」

山中さんらが用いたあまりにシンプルな方法に、ウィルムット教授はとても驚いたという。

ウィルムット教授はドリーを誕生させた後、ES細胞（胚性幹細胞）の研究を続けていたが、すぐにiPS細胞研究に転じた。ドリーの生みの親という大物研究者の転身は、周囲を驚かせた。

しかし、ウィルムット教授に迷いはなかったという。

「難病で苦しむ人たちの治療法を開発するチャンスです。世界中で研究する価値があります。研究への意欲が高まりました」

そう笑顔で語った。

ドリーは1998年4月、自然交配でメスの子ども「ボニー」を出産。クローンでも正常に子どもが産めることを証明した。その後も3頭の子どもを産んだが、2003年2月14日に肺の病気で死んだ。6歳7ヵ月という短命だった。

◆すべてはカエルから始まった

皮膚や神経など、ひとたび役割をもった細胞は、ふつうは万能性を失っている。その遺伝子を卵子に移植しても、受精卵のような状態には戻らないと長く考えられてきた。ドリーはその概念を哺乳類で初めて打ち破った。

受精卵のような状態に戻すことを、「細胞の初期化」という。この分野の研究の源流といわれる「核移植」の第一人者が、イギリス・ケンブリッジ大学のジョン・ガードン教授だ。

ガードン教授は1950年代後半から60年代にかけて、アフリカツメガエルのオタマジャクシの腸の細胞から核を取り出し、事前に核を除いた卵子に入れると、一部はカエルに成長することを確認した。クローンのカエルの誕生だ。体細胞の核にもまだ万能性が残っており、そこから個体が生まれることを、ガードン教授は両生類で証明した。

2008年3月、ロンドンから電車で1時間ほどのケンブリッジ大学を訪ねた。

1209年創立で、イギリスではライバルのオックスフォード大学に次ぐ歴史をもつ伝統校。万有引力を発見するなど物理学の基礎を築いたアイザック・ニュートン、『種の起源』で進化論を唱えたチャールズ・ダーウィン、DNAの二重らせん構造を見つけたジェームズ・ワトソンなど、多くの著名な自然科学者を輩出してきた。

ガードン教授の名を冠した「ガードン研究所」は、そのキャンパスの一角にあった。隣り合う研究棟には、かつてマウスからES細胞を初めて作製し、2007年のノーベル医学生理学賞を受けたマーチン・エバンス教授が研究室を構えていた。

山中さんがマウスでiPS細胞をつくったと論文で発表したのは、2006年8月。ガードン教授はその数ヵ月前、アメリカのある講演会で山中さんの成果の概要を初めて聞いたという。

「素晴らしい発表でした。そんなことが本当にできるのかと、とても驚きました」

ガードン教授は穏やかな笑顔でそう語り、日本からの訪問を歓迎してくれた。

核移植の実験に取り組み始めたのは、1950年代だったという。そのころの謎は、皮膚や神経、肺などの臓器になり、成熟して万能性を失った細胞も、みんな同じ遺伝子のセットをもっているのか、ということだった。

ジョン・ガードン教授
©朝日新聞社

すべての細胞が同じ遺伝子のセットをもっていることは、今では生物学の常識だ。しかし、ガードン教授によると、当時は受精卵が分裂して、体の臓器ができる過程で、細胞は万能性を失い、遺伝子も減っていくという説が有力だった。

本当にそうなのか。

「どの細胞にも、個体が生まれるのに必要なすべて

アフリカツメガエル
©PPS

の遺伝子があることを示したかったのです」

ガードン教授はそう考え、カエルの体細胞の核を卵子に移植して、ちゃんと個体が生まれるかどうかを調べる研究に着手した。クローンカエルの誕生は、細胞が分裂、分化していっても、遺伝子は減らないことを示した。そして、あらゆる細胞になる万能性をもつのは受精卵だけで、役割が決まった体細胞はその万能性を失っているという当時の常識を覆した。

それから四十数年後、京都大学の山中伸弥教授はｉＰＳ細胞をつくることで、難しい核移植をしなくても細胞を初期化させることに成功した。しかも、それまで「卵子の不思議な力」としか語られなかった初期化の仕組みを、４つの遺伝子という「具体的な言葉」で説明してみせた。

ガードン教授は２００９年秋、山中さんとともにアメリカのラスカー賞を受けた。医学生理学の分野では「ノーベル賞の登竜門」ともいわれる国際的な賞だ。山中さんはその受賞の記者会見で、ガードン教授について

「この分野の父といわれる人で、私たちの研究はそのおまけのようなもの。同時受賞は名誉です」

と語った。

山中さんは奈良先端科学技術大学院大学にいた2001年、朝日新聞に寄せたエッセーに、こう記している。

「研究は真理のベールを一枚一枚はがしていくようなものだ。最後の一枚をはがした研究者だけが注目を浴びるのは間違い」

「まさか自分がその立場になるとは予想もしなかった」と山中さんは言う。

ガードン教授、ウィルムット教授、そして有名無名の多くの先人たちの貢献が積み重なり、iPS細胞は生まれたのだ。

◆ひしめくライバルたち

1個の受精卵から生命はつくり出される。受精卵でない細胞から万能細胞をつくる研究は、実は、命の源である卵がもつ「不思議な力」を解く研究でもある。

ケンブリッジ大学の風格漂うセミナー室。そのスクリーンに2008年3月中旬、京都大学の山中伸弥教授の写真と「Yamanaka（山中）」の文字が大きく映し出された。

オースティン・スミス教授
©朝日新聞社

どんな組織の細胞にもなる能力をもつ新型万能細胞のｉＰＳ細胞を世界に先駆けてつくったのは、山中さんのチームだ。マウスとヒトのｉＰＳ細胞の開発者として、２度も大写しされた。セミナーで研究発表をしたアメリカ・ハーバード大学の研究者が、激しい競争を勝ち抜いたトップランナーとして讃えたのだ。

参加したケンブリッジ大学研究員の高島康弘さんは、「日本の科学の成果で世界に貢献できる。誇らしかった」と話した。

しかし、ｉＰＳ細胞をめぐる研究競争は日に日に激しさを増している。その強力なライバルの一人が、ケンブリッジ大学にもいる。オースティン・スミス教授だ。

スミス教授らは、山中さんのチームとは違う方法でｉＰＳ細胞づくりに挑んでいた。万能細胞が、その万能性を維持するために必要な遺伝子「Nanog」を、山中教授らと同時に発見。両者の論文が２００３年、同じアメリカの科学誌に掲載され、話題になった研究者でもある。

スミス教授に今の研究テーマを尋ねると「一般的な言葉で話そう」と前置きがつき、詳しい内容には踏み込まなかった。

「万能細胞がなぜできるのか、そこに興味がある。仕組みを一つひとつ理解して、全体像をシンプルに証明したい」とだけ話した。

ドイツ北西部にあるマックス・プランク分子医薬研究所。2008年3月半ばに訪ねると、玄関ホールに貼り紙があった。

〈本日開催！　iPS細胞に関する最新技術セミナー〉

万能細胞に興味を示す大学や医療機関の研究者が集まり、どんな共同研究ができるかを話し合うのだという。

ハンス・シェラー教授
©朝日新聞社

企画したのは同研究所のハンス・シェラー教授。2003年、マウスの受精卵をもとにつくったES細胞から卵子をつくることに成功した。ドイツの高名な細菌学者コッホを記念した医学賞のロベルト・コッホ賞を、2008年に山中さんといっしょに受けた。

山中さんのチームは、ヒトの皮膚の細胞に4つの遺伝子を組み込むだけで、ｉＰＳ細胞をつくり出した。シェラー教授は、そのうちの１つ「Oct3/4」が万能性に欠かせないことを突き止めている。

「山中の仕事は、本当に重要な発見です。驚いたのは、たった４つだけで十分なこと。もっと複雑な仕組みがあると考えていました」

シェラー教授らは山中さんらがｉＰＳ細胞づくりに成功する3年ほど前、ｉＰＳ細胞のような万能細胞の作製を狙って欧州の研究助成金を申請した。しかし、「その必要はない」と門前払いされたという。

「できるはずがないと思ったのだろう」とシェラー教授は考えている。

若い研究者を勇気づけるために、シェラー教授はこの話をよく披露するそうだ。

「落とされてもがっかりするな。テーマが悪いんじゃない。山中にだってそんな時があった」

ドイツではカトリックの影響が強く、人の受精卵を壊してつくるＥＳ細胞の作製や研究利用は厳しく制限されてきた。しかし、マックス・プランク分子医薬研究所をちょうど訪問したころ、ドイツ連邦議会は研究規制の緩和に向けた改正法案を可決し、２００７年5月1日以前に作製したＥＳ細胞を輸入して使うことを認めた。ｉＰＳ細胞の研究をするにも、同等の能力をもつＥＳ細胞との比較が重要になるからだ。

万能細胞の研究開発競争は国を巻き込み、拍車がかかる。

◆イタリアでも

マウスの皮膚の細胞からiPS細胞をつくった――。京都大学の山中伸弥教授らがその最初の論文を出したのは2006年8月。実は、それより5ヵ月早い時点で、山中さんは成功を打ち明けていた。

場所は、アメリカ・コロラド州のスキーリゾート地キーストーン。医学・生命科学の精鋭たちが集まり、遊び心と創造性を刺激し合いながら議論を重ねる国際シンポジウムの席だった。

ジェリオ・コッス教授
©朝日新聞社

論文発表前とあって、具体的なつくり方には触れなかったが、会場は半信半疑だった。「信じられない」と堂々と口にする研究者もいたという。

「この研究は政治を変えるかもしれない……」

イタリアのサン・ラッファエーレ幹細胞研究所のジュリオ・コッス教授は、思わずそうつぶやいた。それまでの万能細胞は、受精卵を壊してつくるES細胞が主に使われていた。イタリアといえばカトリックのお膝元だ。研究でも

マウリツィオ・カリパリ氏
©朝日新聞社

ヒトの受精卵の使用は厳しく制限されている。受精卵を必要としない万能細胞があれば、研究が縛られることはなくなると感じた。

マウスに続き、ヒトでも成功したと山中さんらが発表したのは、2007年11月。すぐさま反応したのが、バチカンのローマ法王庁だった。10億人ともいわれる信者に影響力をもつカトリック教会の最高機関だ。

「人（受精卵）を殺さず、たくさんの病気を治すことにつながる重要な発見だ」

ローマ法王庁はコメントを出し、その成果を讃えた。バチカンは「人の生命は受精した瞬間から始まる」として、受精卵を破壊するES細胞の研究に反対の立場だ。

生命倫理について、バチカンの指針などを出す生命科学アカデミーの高位聖職者マウリツィオ・カリパリ氏は

「今も興味をもって、研究の推移を見守っている」と語った。

「倫理的にも価値のある研究だ。人間の悩みを少なくする医学の進展を支持する。ただ、人間の尊厳が脅かされるなら反対する」

カリパリ氏は医学部で4年間学んだ後に、神学校に進学。その後、科学部門研究助手となり、世界の科学の動向に注意を払う。マウスでのiPS細胞づくりの成功が発表された翌月には、山中さんを講演に招くほど、iPS細胞に高い関心を寄せる。

イタリアでは2004年に胚（受精卵）を保護する法律が成立し、ヒトのES細胞づくりは禁止されている。輸入して研究することは認められたが、「実のところ、国民の理解を得るのは難しい」と、ミラノ大学のルチアーノ・コンティ助教授は言う。

イタリアでES細胞を扱う研究グループは六つほど。コンティ助教授は、その一つを率いている。ES細胞を変化させて脳の神経幹細胞をつくり、複雑な脳がどう形づくられるのかを探っていたが、iPS細胞の登場で、そこに新しいテーマが加わった。脳の悪性のがん「膠芽腫《こうがしゅ》」ができる仕組みを探ろうというのだ。

理由は、父親をこのがんで失っているからだという。留学中のイギリスから戻って、母や姉といっしょに病床の父を励ました。がんを取り除く手術をしたものの、1年後に亡くなった。同じように脳の難病に苦しむ患者や家族が、研究室を訪ねてくる。治

ルチアーノ・コンティ助教授

©朝日新聞社

療の可能性や研究について聞かれるが、治療法のないものが多い。

そんななかで、一つの光明が見えてきた。患者の皮膚からiPS細胞をつくって神経細胞に変化させれば、がんができる仕組みが研究できる。すぐにiPS細胞の研究に着手した。

「研究の出発点は好奇心だったが、どんどん社会への責任感が増していく。原因を突き止め、苦しむ人たちの命を助けたい」というのが、コンティ助教授の夢だ。

第3章　ヒトES細胞をめぐる論争

◆2006年10月、アメリカ・ワールドシリーズ

アメリカ中西部ミズーリ州。その東端にある大都市セントルイスの街は2006年10月26日夜、真っ赤に染まっていた。

アメリカ・プロ野球の頂点を決めるワールドシリーズ。ナショナルリーグを制したセントルイス・カージナルスはこの日、アメリカンリーグの覇者デトロイト・タイガースを本拠地ブッシュ・スタジアムに迎え、第4戦を戦っていた。赤はそのカージナルスのチームカラーである。

24年ぶり10度目の王座を目指すカージナルスの先発は、この年12勝をあげた右腕ジェフ・スーパン投手。市内のレストランやバーにはカージナルスのユニフォームやTシャツを着た大勢の市民が詰めかけ、テレビ中継に釘付けになった。

その中継の合間に流れるCMで、市民らは熱投するスーパン投手が戦っている相手がタイガー

スだけでないことを知った。

まず画面に現れたのは人気俳優のマイケル・J・フォックス氏。映画『バック・トゥ・ザ・フューチャー』などの主演で知られる大スターは、脳神経が冒されるパーキンソン病にかかり、俳優活動からの引退を余儀なくされていた。

ヒトのES細胞（胚性幹細胞）研究は、そのパーキンソン病のような難病治療への道を開くと期待されている。あらゆる組織の細胞になる能力をもったES細胞から、正常な脳の神経細胞をつくって患者に移植すれば、病気を治せるようになるかもしれない。フォックス氏は自ら財団を設立して、こうした治療研究を後押ししてきた。

病気のため、体を前後左右に揺らしながら、フォックス氏は訴えた。

「あなたのミズーリでの行動が、私のようなアメリカ人を救うのです」

　その直後、別のCMにTシャツ姿のスーパン投手が登場した。熱心なカトリック信者として知られるスーパン投手は、テレビを見つめるファンに淡々と語りかけた。

「（ES細胞研究推進のための）州憲法の修正案はクローン人間づくりを禁じているとしている

ES細胞推進派のフォックス氏
©AP

ES細胞反対派のスーパン投手
©AP

が、あなたは２０００語もの修正案を読んだことがないでしょう。クローン人間づくりを憲法で認めることになるのです。だまされてはいけません」

◆中間選挙の争点に

アメリカでは4年に1度の大統領選挙にはさまれた中間年に、下院議員（定数４３５）全員と上院議員（同１００）の約3分の1を改選する「中間選挙」がある。２００６年のワールドシリーズは、その選挙戦のさなかに行われた。そしてミズーリ州の上院選挙では、ＥＳ細胞研究を推進するか否かが大きな争点になった。推進派は民主党新顔のクレア・マキャスキル氏、反対派は共和党現職のジム・タレント氏。直近のＣＮＮ調査は、両者が支持率49パーセントで並ぶ大接戦を伝えていた。

マキャスキル氏はワールドシリーズ第４戦の試合中も、セントルイス郊外のホテルで開かれた支持者の集会に姿を見せ、懸命に支持を呼びかけた。

ＥＳ細胞研究推進を訴えている理由を尋ねると、

「体外受精の結果、毎日、何千個もの受精卵が捨てられている。それを捨て続けるのか、研究に使うのか？　私にとっては簡単な選択です」

と、明快に答えた。

中間選挙にあわせて、推進派は州憲法にES細胞に関する研究や治療について「州や地方自治体が妨げてはならない」という条文を追加することを提案した。この州憲法修正案の是非を問う住民投票も、中間選挙当日の11月7日に行われることになっていた。スーパン投手がCMで「だまされてはいけません」といったのが、この修正案だ。

ES細胞推進派のマキャスキル氏が辛勝した
©朝日新聞社

ミズーリ州で、なぜこんな争いが勃発したのか。

大都市部と農村部とが混在するミズーリ州は社会構成がアメリカの平均に近く、全アメリカの「指標」とされる。州内を詳しく見ると、東端のセントルイス、西端のカンザスシティを中心とした2大都市圏に人口の8割が集中し、その間に広大な農村部が広がっている。比較的リベラルな大都市圏と、伝統的・保守的な農村部。ミズーリ州の選挙ではそれぞれの地域を地盤とする民主、共和両党が毎回、激戦を繰り広げ、その動向は全米の勝敗のカギを握ると言われてきた。

セントルイスにあるワシントン大学医学部。州憲法の修正を目指す小児科医のセッションズ・コール教授

ワシントン大学のコール教授
©朝日新聞社

を訪ねると、教授はいきさつをこう話した。

「ミズーリ州では5年ほど前から、一部の政治家たちが、あらゆる幹細胞研究を犯罪として禁じる法律の制定を目指して活動を続けています。患者の命を救う研究を禁じ、研究現場におぞましい影響をもたらそうとしているのです」

　こうした保守派の動きに危機感を募らせたコール教授のような医師たちと患者団体が、州憲法の修正を求めて運動を続け、住民投票にこぎつけたのだという。

　同じワシントン大学医学部で、鎌状赤血球症の治療の研究に取り組んでいるというマイケル・デバーン准教授は、

「州憲法の修正はミズーリにあるすべての医学部の発展に不可欠です」

と強い口調で語った。鎌状赤血球症は遺伝子の異常が原因で、ふつうは円形の赤血球が鎌状になり、重い貧血などを起こす病気で、アフリカ系の人びとに多い。デバーン准教授もアフリカ系アメリカ人だ。

　フォックス氏、スーパン投手という「超有名人」が両陣営の応援に参入したことで、この年の

選挙戦はいっそう激しさを増した。全米もその行方を注視した。

上院選挙の結果は、マキャスキル氏が105万5255票、タレント氏が100万6941票。民主党が議席を奪還した。州憲法改正案も賛成108万5396票、反対103万4596票という僅差で、ES細胞研究推進派が勝った。しかし、超有名人まで巻き込んだ両陣営の激しい戦いは、ES細胞研究をめぐる全米の対立の根深さを際立たせた。

◆ヒトES細胞の登場とブッシュ政権

ヒトのES細胞づくりに最初に成功したのは、アメリカ・ウィスコンシン大学のジェームズ・トムソン教授らのチームだ。1998年11月6日発行の科学誌『サイエンス』に発表した。

ES細胞は受精卵を使ってつくる。受精から数日たって、ある程度分裂が進んだ細胞の塊（胚）から一部の細胞を取り出し、培養する。ケンブリッジ大学のマーチン・エバンス教授らが1981年に、マウスで初めてES細胞をつくることに成功したが、トムソン教授らは体外受精をした人の受精卵をもらい受け、初めてそれをヒトでやってのけた。

アメリカはこの分野の研究をリードし、アメリカ国立衛生研究所（NIH）を中心に、たちまち70を超えるES細胞の株がつくられ、強力な研究態勢が整った。

しかし、2001年1月に共和党のブッシュ氏が大統領に就任して、風向きは百八十度変わっ

アメリカ	ブッシュ大統領の方針で連邦助成を禁止。 州によって独自に研究を許容
イギリス	目的を限定し、許可制で容認
フランス	ヒトクローン胚の作製・利用を法律で禁止
ドイツ	ヒトクローン胚の作製を法律で禁止
カナダ	ヒトクローン胚の作製を法律で禁止
韓国	目的を限定し、許可制で容認
日本	法律にもとづく指針で当分の間禁止

ヒトのクローン胚研究をめぐる世界各国の状況(2007年当時)
文部科学省の資料から

てしまった。

ES細胞をつくると受精卵を壊すことになる。ブッシュ大統領の強力な支持基盤である福音派（エバンジェリカル）などのキリスト教右派は「受精卵を壊すのは殺人と同じ」として、ES細胞研究に強く反対していた。バチカンのローマ法王庁がES細胞研究に反対の立場を貫いているのと、同じ理由だ。ブッシュ大統領は就任から7ヵ月後の2001年8月、新たに受精卵を壊してES細胞をつくる研究に対して「連邦予算からの助成はしない」と発表した。

とはいえ、ES細胞はあらゆる組織の細胞になる能力がある「万能細胞」だ。脳の神経細胞をつくればパーキンソン病の治療に使えるかもしれないし、インシュリンを生産する膵臓《すいぞう》の細胞がつくれれば糖尿病の治療につながるかもしれない。ブッシュ大統領

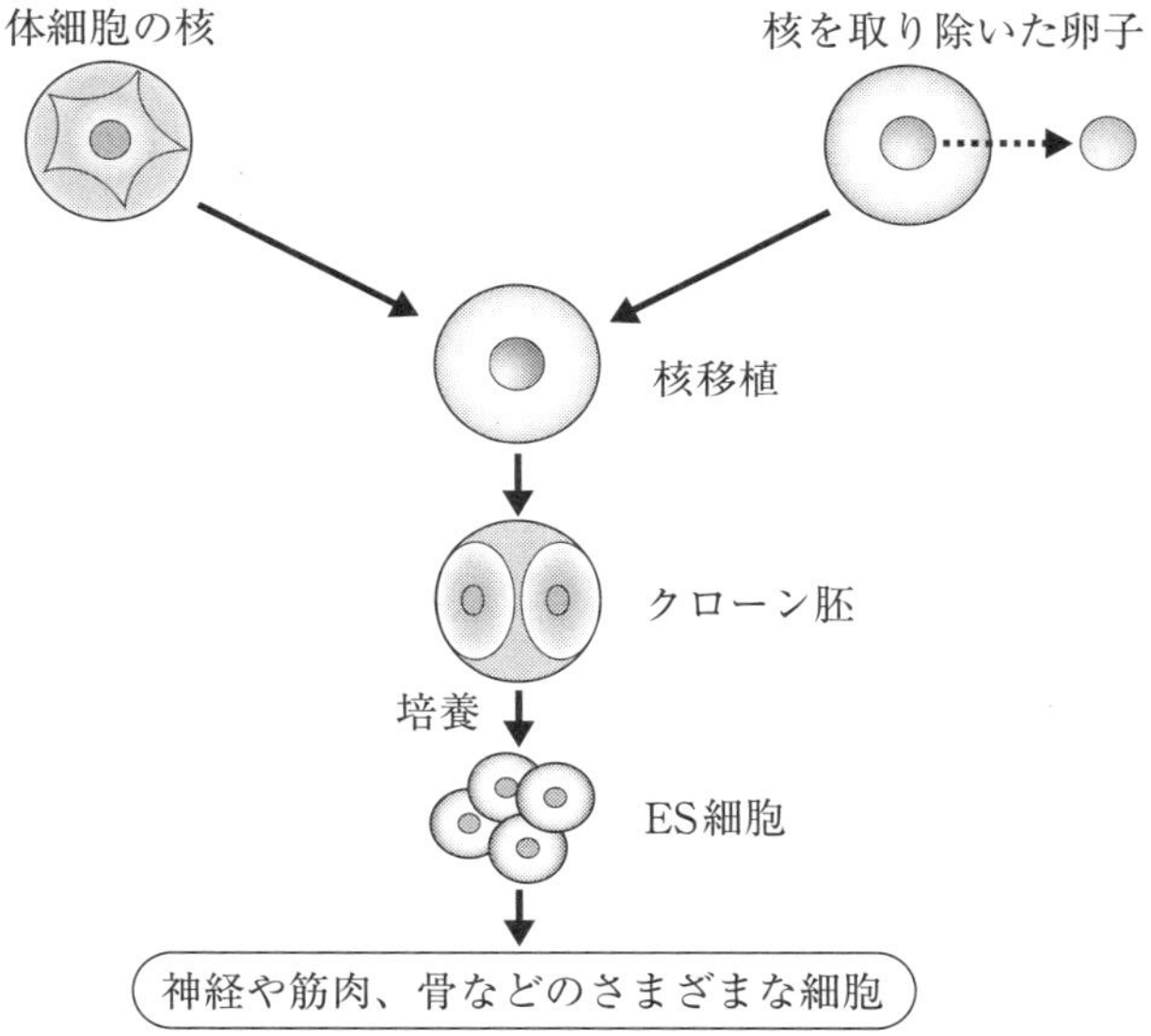

図3-1　クローン胚のつくり方

の意向とは関係なく、研究をめぐる国際競争は激しさを増していった。アメリカも例外ではなかった。

２００６年の中間選挙当時、すでにカリフォルニア州、イリノイ州、メリーランド州など5州がブッシュ政権の方針に反し、州予算をES細胞研究に使うことを独自に認めていた。カリフォルニア州にはバイオテクノロジーなどの先端企業が集まり、イリノイ州もシカゴを中心に大工業地帯を抱える。メリーランド州は研究の中核であるNIHのお膝元だ。

さらにこの年の6月には、ハーバード大学が民間からの寄付金などを利用して、ヒトのクローン胚を使ったES

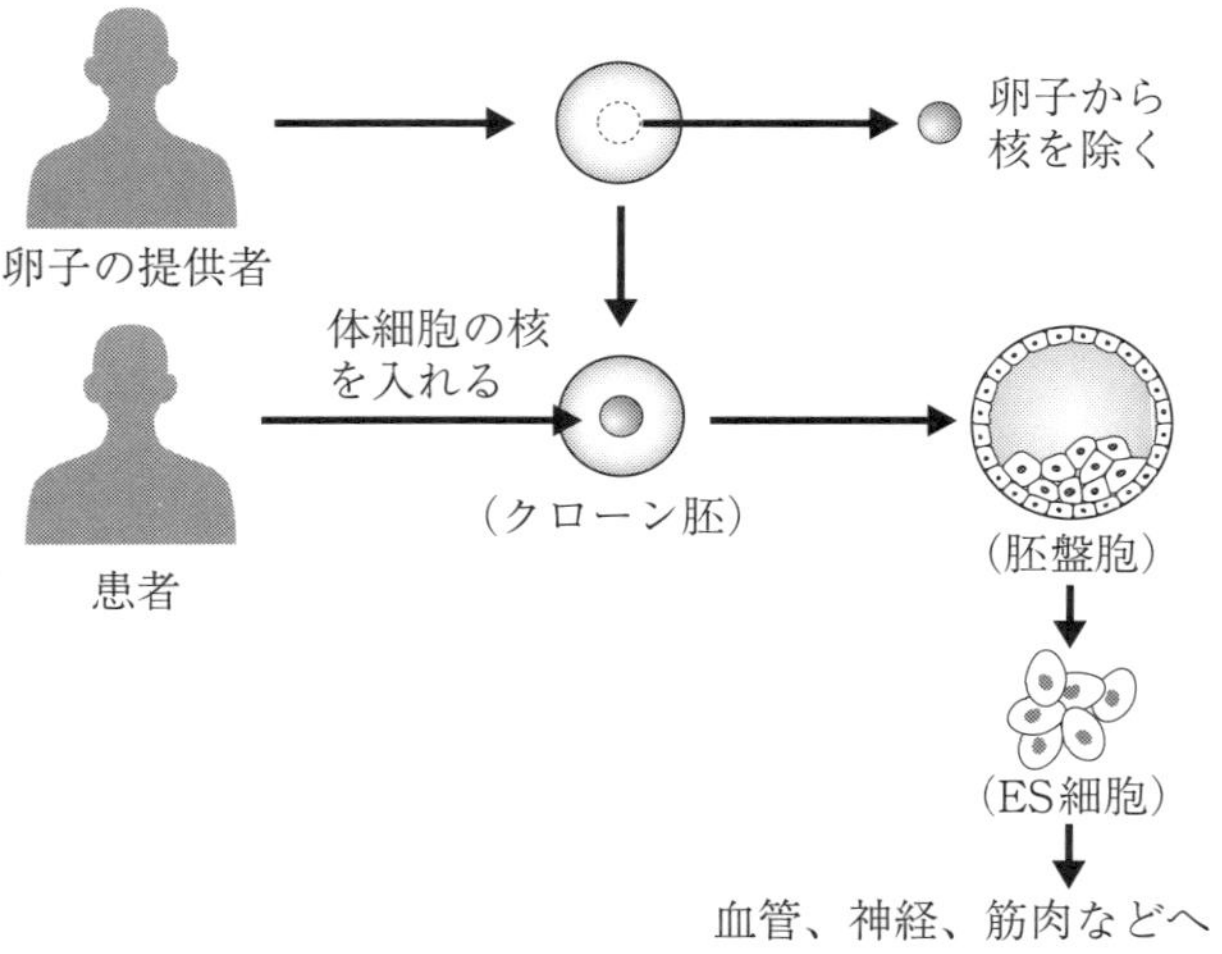

図3-2　患者のクローン胚からES細胞を作製する流れ

細胞づくりに着手すると発表した。ハーバード大学のローレンス・サマーズ学長は「われわれは研究に反対する人びとの誠実な信仰心に敬意を払うと同時に、人間の生死にかかわる医学的な必要性にも誠実に対応しなければならない」と、研究の必要性を訴えた。

ヒトのクローン胚はふつうの細胞（体細胞）から核を取り出し、あらかじめ核を除いた卵子に移植してつくる（図３－１）。患者の核を移植したクローン胚を培養し、それからＥＳ細胞がつくれれば、患者と同じ遺伝情報をもつＥＳ細胞が手に入り、拒絶反応が起きない移植用の細胞や組織がつくれる可能性がある（図３－２）。

ヒトのクローン胚をそのまま子宮に戻せば

クローン人間が生まれる可能性があるだけに、フランス、ドイツ、カナダなどはヒトのクローン胚の作製そのものを法律で禁じていたが、イギリスや韓国は許可制で研究を容認。アメリカもブッシュ政権が連邦助成を禁じていたものの、州レベルでは研究を許容していたところもあり、研究者らが激しい先陣争いを繰り広げていた。

◆「研究反対」を貫く大統領

ＥＳ細胞研究に一貫して反対するブッシュ政権下、アメリカでは「このままでは世界に後れを取りかねない」という不安が広がっていた。スタンフォード大学のグループは２００６年４月、ヒトのＥＳ細胞に関する世界の論文におけるアメリカの貢献度が急落していると報告し、「事態が変わらなければ、この傾向は今後も続く」と警告した。

アメリカ連邦議会でも党派を超えて、研究を推進すべきだという意見が強まっていた。そして連邦助成を拡大する法案が下院で２００５年５月、上院でも翌２００６年７月に可決された。ブッシュ大統領による連邦助成への規制が始まった当時、アメリカには78株のＥＳ細胞があったとされるが、下院での法案可決時には22株にまで減っていた。

しかし、ブッシュ大統領は就任後初の拒否権を発動して、この法案の発効を阻止した。大統領はＥＳ細胞研究を、「だれかの医療のために罪のない命を奪うことになる」と批判した。

一貫してES細胞研究に反対したブッシュ大統領
写真提供／共同通信

２００６年11月の中間選挙で共和党は上院、下院とも惨敗し、民主党が多数を握った。しかし、ブッシュ大統領は揺らがなかった。

ＥＳ細胞研究への連邦助成を拡大する法案は翌２００７年にも上院で4月、下院でも6月に可決された。しかし、大統領は「この法案が成立すれば、アメリカは史上初めて、ヒトの胎児の破壊に対する支持を納税者に強制することになる」とホワイトハウスで演説し、再び拒否権を発動した。

京都大学の山中伸弥教授らがマウスからｉＰＳ細胞（人工多能性幹細胞）を作製したとアメリカの科学誌『セル』の電子版に発表したのは、２００６年８月。ブッシュ大統領が最初の拒否権を発動してからわずか1ヵ月後だった。この受精卵を壊さずにすむ万能細胞登場のニュースは、ブッシュ政権にも影響を及ぼした。

ブッシュ大統領は2度目の拒否権を発動した２００７年6月20日、あわせて受精卵を壊す必要がない「人工多能性幹細胞」の研究を推進する大統領令を出した。そして、ＮＩＨがもち続けていたヒトのＥＳ細胞の活用の拡大を「倫理的に責任ある方法」で図るため、ＮＩＨの「ヒト胚性幹細胞登録」を「ヒト多能性幹細胞登録」と改称するよう指示し、新たな研究計画の立案も求めた。
ES細胞研究への連邦予算助成の解禁は、オバマ政権の誕生を待つしかなかった。オバマ大統領は就任2ヵ月後の2009年3月、連邦助成禁止を撤廃する大統領令を出した。ホワイトハウスであったその署名式典で、こう述べた。

「ES細胞にはわからないことも多く、利点が強調され過ぎてはいけない。しかし、政府が投資を怠れば、チャンスは失われる。この大統領令は、科学的データが政治的な理由でゆがめられないようにし、私たちが思想ではなく、事実に基づいて意思決定をするためのものである」

ES細胞研究に舵をきったオバマ大統領
©PPS

◆科学と宗教

ブッシュ政権下（2001〜2009年）のアメリカは、科学と宗教の対立が表面化した時代だった。ES細胞研究をめぐる論争も、その一例だ。しかし、主戦場となったのは進化論だった。

2006年4月、ニューヨークで「進化論を学校でどう教えるか」というシンポジウムが開かれた。席上、テキサス工科大学のジェラルド・スコーグ教授（科学教育）は「全米の生物の教師は今、進化論を教える際、大きな圧力を感じている」と危機感を訴えた。

アメリカではもともと、万物は神が6000年前に6日間で創造したとする旧約聖書の「天地創造」を半数の国民が信じている。3大ネットワークの一つ、CBSがこのシンポジウムと同じ月に実施した「人間の起源」に関する世論調査でも、「神が現在の姿に創造した」という回答が58パーセントでトップ。次いで「神の導きで進化した」が23パーセントで、「神の導きなく進化した」はわずか17パーセントに過ぎなかった。

ブッシュ政権の誕生と歩調を合わせるように、反進化論派は攻勢をしかけた。「インテリジェント・デザイン（ID＝知的計画）」という理論が、その急先鋒となった。

IDは「神」という言葉は使わない。かわりに「生命の誕生と進化の背景には知的なデザイナーがいた」と主張する。この理論の支持者らはIDを進化論の代替理論として、公立学校で教えるよう活動を続けていた。ブッシュ大統領も在任中の記者会見で、進化論・ID論争について「両方とも適切に教えられるべきだと感じている」と答えた。

こうした流れのなか、ペンシルベニア州ドーバーで2005年、日本の教育委員会にあたる学校区委員会が、高校の生物の授業で「IDは生命の起源についての（進化論とは）異なる見方」

などと教えるよう履修規準を改定した。これはアメリカ連邦地裁が「特定の宗教を公立学校で教えることを禁じた合衆国憲法に違反する」との判決を出し、進化論がかろうじて巻き返しに成功した。しかし、オハイオ州でも、後に削除されたものの、いったんは高校の履修規準に「進化論についての批判的分析」を教えるという項目がもりこまれるなど、論争は続いた。

アメリカのシンクタンク、ピュー・リサーチ・センターの２００５年の調査によると、アメリカ国民の33パーセントは「人間の進化について、科学者間の広い合意はない」、つまり進化論は確立した学説ではないと考えているという。

ニューヨークでのシンポジウムで、全米科学教育センターのグレン・ブラント副部長に論争の行方を尋ねると、

「アメリカでは1万５０００もの学校区が独自に履修規準を決めます。ですから、反進化論派の介入は阻めません」と、あきらめ顔で話した。

オバマ政権の誕生は、ＥＳ細胞研究においては、科学の側に有利に働いたように見える。しかし、オバマ大統領がＥＳ細胞研究に対する連邦助成禁止を撤廃する大統領令を出してからも、受精卵の破壊に反対するキリスト教系団体などは、ＥＳ細胞研究を推進する政策の差し止めを求めて提訴。ワシントンのアメリカ連邦地裁は２０１０年8月、ＥＳ細胞研究への連邦予算支出は違法とし、政策差し止めを求める仮処分を決めた。

オバマ政権側はワシントンの連邦高裁に控訴し、同年9月、連邦高裁が連邦予算支出をとりあえず認める決定をしたことで、連邦予算による研究の中止という事態は避けられた。

ところが、同年11月の中間選挙では、今度は民主党が惨敗を喫してしまった。上院は民主53議席、共和47議席と民主党がかろうじて過半数を維持したものの、下院は民主193議席、共和242議席と歴史的な敗北を喫した。

火種は依然、くすぶり続けている。

◆ソウル大学スキャンダル

ヒトのES細胞がつくられて10年あまり。その間の激しい国際研究競争の中で、科学史に残る大スキャンダルが起こった。韓国・ソウル大学の黄禹錫《ファンウソク》教授らのチームによる「ヒトクローン胚からのES細胞作製」論文の捏造である。

患者の体細胞の核を移植したクローン胚からES細胞をつくれるようになれば、患者と同じ遺伝情報をもつES細胞が手に入り、全く拒絶反応が起きない移植用の組織をつくれる可能性が生まれる。もし成功すれば、移植医療の実用化も見えてくる画期的な技術なのだ。

黄教授らは2004年2月、まず世界に先駆けてヒトクローン胚からES細胞をつくったと、科学誌『サイエンス』電子版（2月12日付、雑誌は3月12日発行）に発表した。卵子242個を使い、1株のES細胞をつくったとした。

　翌2005年5月には同じく『サイエンス』電子版（5月19日付、雑誌は6月17日発行）に、今度は患者のクローン胚からのES細胞づくりにも成功したと発表。こちらは卵子185個を使い、11株のES細胞をつくったとしていた。このことで、黄教授は韓国政府から「最高科学者」の称号を授与されるなど、一躍時代の寵児《ちょうじ》となった。

　ところがこの成果をめぐって、2005年末からデータの捏造や、実験用の卵子売買など数々の疑惑が浮上する。ソウル大学は同年12月12日、調査委員会を設けて実態究明に乗り出すと発表した。さらに12月15日、韓国メディアは「黄教授が、研究成果のES細胞は存在しないので、論文を撤回することに同意した」といっせいに報じ、疑惑はいっそう深まった。

スキャンダルを起こした黄禹錫・ソウル大学教授（当時）
©PPS

　そして、ソウル大学の調査委員会は翌2006年1月10日、「黄教授らがヒトクローン胚からつくったとしたES細胞は存在せず、データは捏造されていた」と結論づけた。『サイエンス』誌のドナルド・ケネディ編集長も同日、捏造がわかった黄教授らの2編の論文を撤回すると発表した。

黄教授は同年3月にソウル大学を懲戒免職となり、「最高科学者」の称号も取り消された。さらに研究費を流用したり、不法に実験用の卵子の提供をうけたりしたとして、業務上横領や生命倫理法違反の罪に問われ、ソウル中央地裁に起訴された。ソウル地裁は２００９年10月、黄氏に懲役2年執行猶予3年の判決を言い渡した。

ヒトクローン胚からのＥＳ細胞づくりは、まだ実現していない。２００５年にイギリスのニューカッスル大学のチーム、２００８年にはアメリカのバイオ企業ステマジェン社（カリフォルニア州）などのチームがヒトクローン胚をつくり、そこからさらにＥＳ細胞の手前の段階の「胚盤胞」の作製に成功したと発表したが、いずれもＥＳ細胞は取り出せなかった。

第４章　国内の研究体制

◆「次はヒトだ」競争激化

「ヒトで成功して、再生医療実現のゴールが遠くに見えてきたと思ったら、実はゴールが見えていたのは世界中にたくさんいた」

２００７年11月21日。アメリカの科学誌『セル』の電子版にヒトのｉＰＳ細胞（人工多能性幹細胞）の作製成功の論文を発表した当日、山中伸弥教授はこう語った。

同じ日に、アメリカ・ウィスコンシン大学のジェームズ・トムソン教授らが、科学誌『サイエンス』電子版にヒトでのｉＰＳ細胞作製の成功を発表した。論文の投稿はトムソン教授らの方が早く、そのうわさを聞いた山中教授らが大急ぎで論文を出し、同着に持ち込んだ。ｉＰＳ細胞をめぐり、水面下で続く世界の研究競争の激しさが浮き彫りになった。

ヒトのｉＰＳ細胞作製は、トムソン教授らが胎児や新生児の皮膚細胞を使ったのに対し、山中さんらは大人の細胞を使った。

そもそもその1年あまり前、マウスで初めてiPS細胞をつくったのは山中さんたちだ。2006年8月11日付の『セル』の電子版に論文を発表。そこから世界の研究者らが「次はヒトだ」と走り出したのだった。

山中さんらのヒトのiPS細胞の成功に、理化学研究所発生・再生科学総合研究センターの西川伸一副センター長は興奮を隠さなかった。

「これほど早くできたのは、脱帽という以外にない。既成概念を変える若手研究者が日本に育ってきたことは、感慨深い」

ヒトのiPS細胞作製に成功――。「ノーベル賞級」とも言われる日本発の画期的な成果に、政府も色めき立った。福田康夫首相は発表から1週間後の2007年11月28日、科学政策の「司令塔」である総合科学技術会議を招集した。

「再生医療の実用化に向け、臨床試験の進め方など、この研究を円滑に進めるための環境づくりを早急に進めていただきたい」

同会議の議長でもある福田首相は席上こう述べ、再生医療に使えるようにするための研究環境の整備を指示した。

渡海紀三朗・文部科学大臣や岸田文雄・科学技術政策担当大臣らへの山中さんの訪問日程が組

まれた。文科省や、研究費を出していた科学技術振興機構（JST）の幹部らは急遽《きゅうきょ》、京都大学に山中さんを訪ねた。

日本の将来を支えるかもしれない画期的な成果を、どう育てていけばいいのか。政府も大学も学界も、早急な取り組みを求められていた。

◆意気込む政府

ヒトのiPS細胞作製の発表から、わずか約1ヵ月。文部科学省は京都大学にiPS細胞研究の拠点となるセンターを新設することを決めた。このセンターを中心に、研究者の間のネットワーク組織を立ち上げることも決めた。

2007年12月20日の文部科学省の科学技術・学術審議会ライフサイエンス委員会。こうした「総合戦略案」を公表した渡海大臣は、力を込めて語った。

「多くの研究者で情報を共有し、オールジャパンの体制で支援していく必要がある。霞が関の総力をあげて支援していきたい」

研究推進のための予算も、大幅に増額された。翌2008年度の予算案の復活折衝で、文部科学省のiPS細胞研究に約22億円が投入されることになった。2007年度の約2億7000万円から、8倍もの増額だった。iPS細胞研究を含む文部科学省の「再生医療の実現化プロジェ

和田昭允氏
「RIKEN NEWS」No.321（2008年3月）より

クト」も10億円上積みされ、計20億円が認められた。さらに、科学技術振興機構の「iPS細胞等の細胞リプログラミングによる幹細胞研究戦略事業プログラム」に約10億円、科学研究費補助金の特別推進研究「細胞核初期化の分子基盤」などに約2億円が投入されることになった。

文部科学省は年明けの2008年2月、iPS細胞研究の拠点として京都大学、東京大学、慶應義塾大学、理化学研究所を選んだ。3月にはこれらの施設を核に、20を超す大学や公的研究機関が連携するネットワークが立ち上がった。

政府の早急な取り組みの背景には、日本で始まったのに、その優位性を生かせなかった研究への反省があった。ヒトの全遺伝情報（ゲノム）を読み取る「ゲノムプロジェクト」だ。

ヒトのゲノム解読は、アメリカの遺伝情報解読会社セレラ・ジェノミクスと日米欧の公的研究グループが競い合って進めた。最終的には2000年6月26日、クリントン大統領がセレラ・ジェノミクスのクレイグ・ベンター社長と同席して「解読完了」を宣言。アメリカに主導権を握られるままに終了した。

「ゴールまでを見通した国の基本方針が描けなかったことが大きかった」

理化学研究所ゲノム科学総合研究センターの和田昭允・元所長は、当時の日本の取り組みの遅れを、こう振り返った。ヒトのｉＰＳ細胞作製の発表からまもなく、和田さんに研究の進め方についてアドバイスを求めると、

「山中さんの意向を尊重しながら、基礎から産業応用まで見渡す参謀本部のようなものが必要だ」

と語った。

◆京都大学も独自に支援

京都大学も異例のスピードで「山中支援策」を打ち出した。

ヒトのｉＰＳ細胞作製の発表から1週間のうちに関係幹部を集め、文科省や経産省などと交渉を開始。年明けの２００８年1月には、学内に国内研究の中核となる「ｉＰＳ細胞研究センター」（ｉＰＳ細胞研究所の前身）が発足した。

新しい組織をつくるとなると、ふつうは教授会などの学内手続きに1年はかかる。このため、京都大学は新センターを既存の組織の一部門に位置づけた。

「世界的な競争に立ち向かうには、研究の動きを止めてはいけない。スピードをもって進めてい

きたい」

当時、研究・財務担当の松本紘理事（現総長）は、こう熱っぽく語った。ほどなく新センターの建設や、研究情報の収集などに、常時で50人ほどがかかわる態勢ができあがった。

特許を取得するための態勢も強化した。２００８年3月26日には学内の産官学連携本部の中に「iPS細胞研究知財支援特別分野」を設置。ライセンス契約実務などに詳しい人材を10人規模で置き、学内外の教授や弁理士らによるアドバイザリー委員会も設けた。

特許のためにこれだけ強力な態勢をしいたのは、なぜか。

京都大学産官学連携本部の寺西豊教授は「企業が共同研究に参加するために、特許をその呼び水にしたい」と、その理由を語った。京都大学はiPS細胞について産業化を急いでいるわけではない。ライセンス料を稼ごうとしているのでもない。ただ、開発者の権利を守る特許がなければ、企業は参加しにくい。基礎研究をいっそう進めるためには、強力な態勢が欠かせないと考えた。

京都大学は産業界との連携を図ろうと、「産業応用懇話会」という「お見合い」も企画した。２００８年4月の初回には、製薬企業など84社の計約２００人が参加した。

「創薬などでの利用を期待している」

席上、京都大学の山中伸弥教授は企業側にラブコールを送った。

とはいえ、iPS細胞は生まれたばかり。

「iPS細胞の手本となるES細胞は、10年たっても産業に結びついていない」

「つかず離れず、流れに置いていかれない位置にいることが大事」

企業側からは、そんな様子見の発言が相次いだ。

しかし、京都大学の取り組みは休むことなく続いた。2008年6月にはiPS細胞関連の特許を管理、活用する株式会社「iPSアカデミアジャパン」を設立。研究の成果を再生医療や新薬開発につなげるため、産業界へスムーズな技術移転を進める中核機関という位置づけで、大和証券グループ本社と三井住友銀行、それに両者の系列のベンチャーキャピタルの3社から計約2億円の出資を得ることで合意した。

◆ES細胞の研究にも波及

ヒトのiPS細胞がつくられたことによって、本来は2007年度で終了するとみられていた文部科学省の大型事業「再生医療の実現化プロジェクト」は、一気に息を吹き返した。継続・拡大が決まり、再生医療の研究分野に、再び光があたった。

再生医療は、1996年にイギリスでクローン羊「ドリー」が誕生したことや、1998年にアメリカ・ウィスコンシン大学のジェームズ・トムソン教授らがヒトES細胞づくりに成功したことにより、世界中で研究に火がついた。治療に必要な細胞や組織を人為的につくり、それらを移植すれば、これまでの医療を根本的に変革する新しい医療が実現できるのではないか。そんな期待が広がった。

日本でも2003年、京都大学の中辻憲夫教授らが国内初のヒトES細胞づくりに成功した。さらに翌2004年には、韓国・ソウル大学の黄禹錫教授らが「ヒトのクローン胚によるES細胞樹立」を発表。再生医療への期待はいっそう高まった。ところが前述したように、黄教授らのこの成果が捏造だったことが2006年初めに判明し、再生医療の研究そのものへの信頼は一気に低下した。

京都大学の山中伸弥教授らがマウスのiPS細胞作製の論文を発表したのは、それから半年あまり後のことだった。山中さんは研究員にしばらく箝口令《かんこうれい》を敷き、何度も再試験を繰り返した。「アジア人がまた嘘をついたと言われないように、念には念を入れたから」だ。

iPS細胞研究は国内であっという間に広がり、京都大学、東京大学、慶應義塾大学、理化学研究所が研究拠点となった。山中さんが率いる京都大学は「総本山」として安全性の向上や基準づくりに取り組み、慶應義塾大学は脊髄損傷の部分にiPS細胞からつくった神経前駆細胞を移植する治療法の開発などを目標に掲げた。

東京大学はiPS細胞から血小板をつくって、輸血用血液の不足の解消などを目指す研究に着手した。理化学研究所はｉＰＳ細胞から目の網膜細胞などをつくり、加齢黄斑変性症などの臨床応用へ向けて治療法開発を担うことになった。

その一方で、ｉＰＳ細胞の研究ばかり重視される風潮への懸念も噴出した。

ｉＰＳ細胞は、以前から知られている万能細胞であるＥＳ細胞の、いわば弟分だ。ＥＳ細胞の素性をきちんと調べないと、どこが似ていて、どこが違うのかさえわからない。

しかし、ＥＳ細胞はもともと受精卵を壊してつくるという倫理的な課題を抱えている。このため、山中さんらがヒトのｉＰＳ細胞作製を発表した当時の研究指針では、国の審査と各研究機関の審査を二重に受ける必要があった。

ヒトのｉＰＳ細胞作製の発表から4ヵ月後に催された日本再生医療学会では、ＥＳ細胞の研究や利用について、国の規制緩和を求める声明が発表された。当時の同学会理事長だった中内啓光・東京大学教授は記者会見で「二重の審査が日本でのＥＳ細胞研究を遅らせる一因となっている」と訴えた。

こうした学会の要望や動きを受けて、ＥＳ細胞にかかわる基礎研究や臨床応用についての新しいガイドラインが整備されていった。

文部科学省は、ＥＳ細胞を使う研究の審査を、研究機関の審査だけに簡素化した。ヒトのＥＳ

細胞と同様に、iPS細胞から精子や卵子などの生殖細胞をつくる基礎研究も認めた。ただし、その精子や卵子を受精させることは、倫理上の問題から議論を重ねる必要があるとして、禁止を明記した。

厚生労働省は、iPS細胞を使った臨床研究を認める指針をまとめた。iPS細胞を使った医療は今のところ動物実験の段階で、安全性などに課題を抱えている。しかし、将来のヒトへの応用を見すえて、iPS細胞からつくった細胞などを移植する場合、そのおおもとの細胞を提供した本人だけでなく、他人への移植も認めた。

◆「はしごを外すわけにはいかない」

文部科学省にとってiPS細胞をはじめとする再生医学研究は、いまや脳やがん研究など重要課題が並ぶライフサイエンス分野の中でも、最大の柱となった。ヒトのiPS細胞が誕生する前、2007年度に計上したiPS細胞関連の予算は2億7000万円にすぎなかった。それが、2008年度は一気に30億円に膨らんだ。その後も、右肩下がりの財政状況にもかかわらず順調に増え続け、10年度は46億円。11年度は60億円に届く勢いだ。

日本発の画期的な研究成果とはいえ、なぜ、これほどまでに国が支援をするのか。iPS細胞研究の広がりの陰で、予算の配分が減った研究者からは、やっかみ交じりの声も聞こえてくる。

世界で10億円以上の規模と見込まれる再生医療製品の市場参入への期待からか。しかし、それだけではないと、同省ライフサイエンス課の石井康彦課長はいう。

「とにかく、これほど患者さんの期待が大きい研究はない。その思いにこたえるように育てるのが国の仕事。ここで、はしごを外すわけにはいかない」

再生医療のシンポジウムを開けば、つねに会場は満席となり、立ち見がでる。脊髄損傷の患者らが車いすで駆けつけ、「自分たちの次の世代のためにも頑張ってほしい」と山中教授ら講演者に熱いエールを送る。そんな場面を何度も見てきた。

再生医療の実現へ向けて、文部科学省は11年度からは厚生労働省とともに「再生医療の実現化ハイウェイ事業」を始めた。本気で実現させたいならば、省庁の壁を越えて、基礎研究から臨床研究まで、一貫した推進体制作りが欠かせないと判断したからだ。病気やけがで失った組織に細胞を移植して治療する方法のほか、ｉＰＳ細胞を使って病気のメカニズムの解明や新薬の開発を目指す研究も、重要な柱と位置づける。

こうしたプロジェクトを社会に受け入れてもらうには、「１例目」が肝心だ。世界が激しく競い合う中で、スピードが重要なのは当然だが、「最初は慎重に進める」と石井課長はいう。出鼻をくじかれれば、期待が大きい分、社会の信頼を失い、再生医療分野全体に影響が及ぶ。ソウル大教授の論文捏造事件から学んだことだ。

今後は厚労省との連帯をさらに強めたいという。神経の病気や1型糖尿病など特定の難病に着目して、メカニズムの解明や新薬の開発など、基礎の成果を切れ目なく臨床につなげていくという道筋を描いている。

第5章　特許のゆくえ

◆2008年4月11日

ヒトiPS作春作成
特許すでに出願
山中教授より先に
バイエル薬品

2008年4月11日、毎日新聞は朝刊（大阪本社発行）の1面トップでこう伝えた。朝日新聞の担当記者やデスクは早朝、電話で起こされ、いっせいに会社に向かった。

ドイツを拠点とする世界有数の化学メーカー・バイエル。その傘下にある日本の法人バイエル薬品（本社・大阪市）のチームが、京都大学の山中伸弥教授らのチームより早く、ヒトのiPS

細胞をつくっていた、という内容だった。

事実を確認して、夕刊に記事を出稿しなければいけない。

この研究はバイエル薬品の神戸リサーチセンターで行われたが、同センターそのものがその前年の２００７年12月に閉鎖されていた。同センター長としてこの研究を率いた桜田一洋氏も、すでにアメリカのベンチャー企業の役員に転じていた。

バイエル薬品の桜田一洋氏
©朝日新聞社

「とにかく、論文を入手しよう」

桜田さんらがヒトのｉＰＳ細胞の作製を発表した論文は、２００８年1月31日付のオランダの科学誌『ステム・セル・リサーチ』の電子版に掲載されたという。さっそく論文を手に入れた。

論文によると、桜田さんらはヒトの新生児の皮膚の細胞に、山中さんらが使ったのと同じ4つの遺伝子を導入し、ＥＳ細胞と似た分化能力をもつ幹細胞をつくった。遺伝子を導入するためのウイルスに、山中さんのチームとは違う種類を使うなど、独自の手法もまじえていた。

山中さんらがヒトのｉＰＳ細胞の作製成功を発表した論文は２００７年11月21日付のアメリカの科学誌『セル』の電子版に載った。桜田さんのチームより2ヵ月ほど早い。

しかし、それ
「特許のゆくえ」
ｉＰＳ細胞に
かっていた。ｉ
たらす可能性が
「山中さんのチ

日本の関係者の間では、そんな希望的観測が支配的だった。それが、覆る可能性がでてきたのだ。

桜田さんらは、いつヒトのｉＰＳ細胞をつくったのか。その特許を、いつ申請したのか。取材をすすめるうちに、東京本社にいた担当記者が桜田さんを電話でつかまえた。

「昨年（２００７年）の遅くとも4月ごろには、人間の細胞で（ｉＰＳ細胞づくりに）成功した。当時、山中先生が『まだできていない』と科学誌などで話しておられたので、ぼくたちの方が早くできたのかな、と思った」

桜田さんはこう話した。

特許出願については、桜田さんは「バイエルとの秘密保持契約があるので、論文発表したことしか話せません」と、詳細を明らかにしなかった。しかし、一般論として「企業として出願していないはずがない」とも語った。

◆広がる波紋

「これは微妙なことになるかもしれない」

担当記者は一様に、そう感じた。

あわてたのは、記者だけではなかった。

岸田文雄・科学技術政策担当大臣は毎日新聞の記事が掲載された4月11日の閣議後の記者会見で、

「特許申請の時期や（ヒトのｉＰＳ細胞の）作製成功の時期などわからない点が多いので、関心をもって状況把握に努めたいと思っている。民間企業、営利企業が特許を取得するということになれば、（日本政府がすすめるｉＰＳ細胞実用化戦略への）影響は考えられる」と語った。

渡海紀三朗・文部科学大臣も閣議後の記者会見で、

「こういうことがいろいろと起こるということは、予測はしていた。ただ、事実関係については、（ヒトのｉＰＳ細胞作製で山中チームと桜田チームの）どっちが早いとか遅いとかについては、われわれは掌握していない」と述べた。

会見に立ち会っていた文部科学省の幹部が、マウスのｉＰＳ細胞づくりで山中さんが世界の先陣を切ったことと、ｉＰＳ細胞づくりの基本特許をとるのに全力をあげていることを強調すると、渡海大臣は「でも、これはヒトだろう」と聞き返し、政府内に動揺が広がっていることを印象づけた。

京都大学もこの日の午後、急遽、記者会見を開いた。出席した松本紘理事・副学長（後に総長）らは、京都大学が２００５年12月にマウスのｉＰＳ細胞だけでなく、ヒトも視野に入れる工夫を盛り込んだ形で基本特許を出願していることなどを説明した。

「ｉＰＳ細胞の研究開発は、山中教授らによる発表を受けて着手した。今回の（バイエル薬品の）報道もそのひとつ。影響はない」。京都大学側は、こう強調した。

山中さん自身も４日後の４月15日、東京都内での講演で「マウスの成果を発表した段階で、すでに人間でも実現できることがわかっていた」と述べ、特許争いに自信をのぞかせた。

前章でも述べたように、京都大学はこの騒ぎの直前の２００８年３月26日、「ｉＰＳ細胞研究知財支援特別分野」の設置を発表し、特許など知的財産の取得や管理態勢を強化するために専門知識をもつ担当者を学内に置いたばかりだった。また、その後もｉＰＳ細胞関連の特許を管理、活用する「ｉＰＳアカデミアジャパン」を設立。同時にｉＰＳ細胞研究センターにも、ｉＰＳ細胞関連技術をスムーズに特許化するためのスタッフを強化するなど、知的財産の取得に力を注いでいた。

松本紘・京都大学総長
京都大学HPより（http://www.kyoto-u.ac.jp）

京都大学の自信を裏付けるかのように、２００８年９月、山中さんらが開発したｉＰＳ細胞作製法の特許が国内で成立した。４つの遺伝子を入れてつくる作製方法で、京都大学はマウスだけでなくヒトも含んでいる「基本的な特許」だと強調した。

　京都大学は特許をいち早く成立させるために、出願内容を分割して申請し直していた。その分割特許の一つが、まず認められた。さらに、２００９年11月には「c-Myc」を除く３遺伝子によるｉＰＳ細胞の製造法など２つの分割特許も、国内で認められた。

　しかし、これですべてが解決したわけではない。

　特許として認められたのは、特定の遺伝子を入れてｉＰＳ細胞をつくる方法だ。異なる遺伝子を使っていたり、異なる方法だったりすれば、別の特許として認められる可能性がある。

　しかも、特許はそれを認めた国の中でのみ権利が保証される「属地主義」の原則にたっており、たとえば日本で特許と認められても、ほかの国では、そのままでは特許権は生じない。特許と認めてほしい国があれば、それぞれ出願し審査を受けなければならない。日本では特許取得で先んじても、ほかの国では後手を踏み、特許を奪われてしまうこともありうる。

しかも、日本・欧州とアメリカとでは、特許の仕組みが少し違っている。特許をめぐる国際的な競争は、一筋縄ではいかないのだ。

◆特許の仕組み

特許は「発明を保護し、その利用を図り、産業を発達させる」ために生まれた権利だ。画期的な発明をして特許権を取得すれば、発明者には一定期間、ライセンス料などによる利益が保証される。

発明者の権利を保証することで、発明の内容を公開させれば、ほかの人がこれを見て改良や次の新たな発明につながり、ひいては社会に大きな富をもたらすという考え方がその背景にある。いくら画期的な発明でも、その中身が「門外不出」で、ほかの人が知ることができなければ、その後の産業の発展の妨げになる恐れがあるからだ。

ここで、日本で特許権を取得するまでの流れを見ておこう。

日本で特許権をとるために不可欠なことは、だれよりも早く特許庁に「出願」することだ。この「出願日」がその後、特許にかかわる審査や特許権の効力期間など、すべての起点になる。特許を所管する機関に最も早く出願した人に特許権を与えるこうした制度は「先願主義」と呼ば

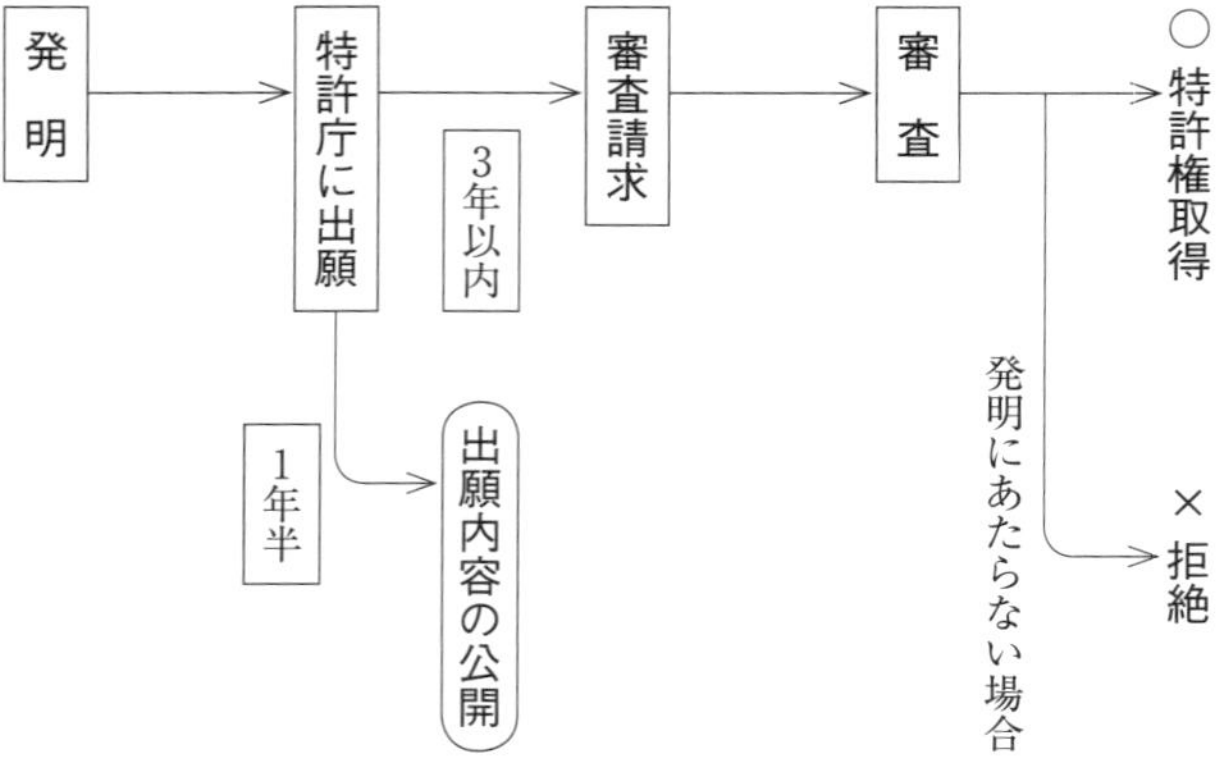

日本における特許権取得までの流れ
特許庁の資料から

れ、アメリカ以外の国々に共通する。

一方、アメリカだけは最初に発明した人に特許権を与える「先発明主義」をとっており、他人と特許権を争う場合、最初の発明者であることを実験ノートなどの「証拠」をそろえて証明する必要がある。

日本の場合、出願日から1年半たつと、出願内容が自動的に公開される。この段階では、特許はまだ成立していないが、出願内容を早期に公開することで、ほかの人が出願を知らずに重複出願することを避けたり、改良にいち早く着手できるようにしたりする。出願者側にとっても、公開内容を見たほかの人から「これは発明ではない」といった指摘を受け、それが事実だった場合、審査を始める前に出願を取り下げて、余計な審査費用を払わずにすむといった利点もある。

出願者は出願日から3年以内に、特許の審査を請求する。そして、ようやく審査が始まり、「産業上利用することができる」「新規性がある」「進歩性がある」など特許の必要条件を満たしていると判断されれば、特許権が与えられる。権利の有効期間はふつう出願日から20年だ。

こうした制度を見れば、iPS細胞の研究をめぐり、だれが、どんな特許を出願しているのかは、日本国内に限っても、それぞれの出願から1年半は当事者以外は知ることができない。

さらに「先発明主義」をとるアメリカでは、先に発明したことを証明できる自信さえあれば、出願をあえて遅らせて発明内容の「門外不出」の期間を延ばすことも理論的には可能だ。

◆アメリカ企業がイギリスで特許

iPS細胞の特許をめぐる激しい国際競争。それを実感させるニュースが2010年1月28日、アメリカから飛び込んできた。アメリカのバイオ企業アイピエリアン社（カリフォルニア州）がヒトiPS細胞作製に関する特許を、イギリスで取得したと発表した。

アイピエリアンが取得した特許は、もともとバイエル傘下のドイツの製薬企業バイエル・シェーリング・ファーマ社が出願し、その後アイピエリアンがその権利を譲り受けたものだった。ヒトの新生児から取り出した細胞に、山中さんらが使った4つの遺伝子のうち、「c-Myc」を除いた3つの遺伝子を導入してつくったiPS細胞に、特許が認められた。

特許取得までの経緯をもう少し詳しく見ると、バイエルはまず出願中の権利をアメリカのバイオ企業アイズミバイオ社（カリフォルニア州）に譲渡。このアイズミバイオが他社を合併してアイピエリアンが設立され、バイエルの権利を受け継いでいた。アイピエリアンのウェブサイトによると、同社にはハーバード大学などの著名な幹細胞研究者が科学顧問として名を連ねている。

「なぜイギリスで？」

京都大学の特許関係者にも、このニュースは驚きをもって受け止められた。

特許の審査は、基本的に国ごとに行う。先ほど述べた「属地主義」である。それぞれの国で、新規性はあるのか、進歩性はあるのか、権利としてほしいものは明確か、といったことを審査する。申請者と特許を所管する機関、日本ならば特許庁との間で何度かやりとりがあった後に、特許権が与えられるのがふつうだ。

「属地主義」だから、自分の国以外で特許権を取得したい場合、最終的にはそれぞれの国で出願、審査の手続きをしなければならない。しかし最初から各国にそれぞれ出願するのは、作業がたいへんだ。そこで「ＰＣＴルート」とよばれる出願方式がしばしば使われる。

この方式は、自国にまず基礎出願をした後、1年以内にＰＣＴ出願をすれば、すべてのＰＣＴ加盟国（２０１０年3月現在で約１４０ヵ国）に対し、自国に出願した日が「出願日」と見なされる。各国での審査に必要な翻訳文などの書類は、基礎出願から30ヵ月以内に提出すればいいので、翻訳のための時間を確保できるし、各国への出願にかかる費用の支払いも先延ばしできる。基礎出願から1年以内なら、ＰＣＴ出願の内容に何度でもデータを追加できる利点もある。

京都大学はｉＰＳ細胞作製について、このＰＣＴ方式で海外出願をした。２００５年12月にまず日本で基礎出願し、翌２００６年12月にＰＣＴ出願。その後、各国での審査に移行する手続きをしたわけだ。

ただ、各国といっても、すべてが国単位というわけではない。欧州諸国へは直接は出願せず、欧州特許庁に出願した。欧州特許庁で認められれば、ほぼ自動的に加盟国で認められるためだ。

ところが、アイピエリアンはイギリスへの直接出願もしていた。多くの企業がＰＣＴルートから欧州特許庁へ出願する中で、なぜイギリスに直接出願をしていたのかは不明だ。

「どこかで早く特許が成立することは、投資家へのアピールにはなるだろう」

そんな見方をする関係者もいた。

イギリスで認められたアイピエリアンの特許と、京都大学がこれまでに取得した特許には、大きな違いがある。アイピエリアンの特許は「ヒトのｉＰＳ細胞」と明確に主張していることだ。京都大学はヒトともマウスとも限定はしていない。

アイピエリアンのニュースに驚いてまもない2月4日、今度はアメリカのバイオ企業フェイト・セラピューティクス社（カリフォルニア州）のｉＰＳ細胞関連の特許がアメリカで認められた、という発表があった。アメリカ・マサチューセッツ工科大学（ＭＩＴ）のルドルフ・イエニシュ教授の発明についての特許だった。

体細胞を初期化するアイデアの特許で、「発明」の日付は２００３年11月。もちろんこの時点でiＰＳ細胞はできていないが、ヒトの体細胞を初期化するのに必要な遺伝子を体細胞に入れて調べるという実験法が特許として認められた。

この特許の範囲はどこまで及ぶのか。ほかのiＰＳ細胞関連の特許の審査にどう影響するのか。先行きはいっそう不透明感を増してきた。

◆「アメリカ流」への不安

アメリカが「先発明主義」という独自の特許システムをもつことも、特許のゆくえについての不透明感を高めている。

日本や欧州のように先願主義なら、だれが先に出願したかは明確だ。それに比べて、同じ発明でどちらが先に発明したかについて決着をつけるのは、そう簡単ではない。そのため、アメリカには「インターフェアランス（抵触審査）」という手続きがある。どちらが先に発明したかを争う独特の制度だ。

たとえばＡ社の特許出願を審査中に、Ｂ社からまったく同じ出願があるとわかった場合、インターフェアランスが宣言され、実験ノートなどの証拠品の提出が求められる。こうした証拠をもとに、アメリカ特許商標庁がどちらが先に発明したかを判断する。また、A社の特許が成立した後、審査中のB社がインターフェアランスを申し立て、特許商標庁がインターフェアランスを宣言することもある。

ｉＰＳ細胞づくりは、マウスでは明らかに京都大学が先行した。しかし、マウスとヒトは同じ特許として認められるのか、それとも別の特許だと判断されるのかは、最終的には各国の特許を所管する機関の判断に委ねられる。

もしヒトのｉＰＳ細胞が別の特許とされたとき、京都大学が先に発明したことがはたして証明できるのか。体細胞に遺伝子を入れるというアイデアはわれわれが先だとするフェイト・セラピューティクスの主張は、どこまで効力を発揮するのか。

また、ヒトのｉＰＳ細胞の作製を山中さんらと同時に発表したアメリカ・ウィスコンシン大学のジェームズ・トムソン教授らも、京都大学とは別の遺伝子を使ってヒトのｉＰＳ細胞をつくる特許を２００７年３月に出願している。こちらはどのような形で認められるのか。

火種は、いたるところにある。

◆突然の「和解」

そんな状況のなか、2011年に入って間もなく、京都大学とアイピエリアンとの特許争いが突然、決着した。

2月1日午後3時。京都大学の松本紘総長は本部棟5階の会議室で、詰めかけた報道陣を前に、こう切り出した。

「アイピエリアンが保有しておりましたiPS細胞特許を譲り受ける契約を、本年の1月27日に締結いたしました」

アイピエリアンがアメリカを含めた各国に出願している特許に関する権利は、すべて京都大学に無償で譲渡されることになった。そのかわり京都大学はアイピエリアンに対し、京都大学の特許の使用を許諾するライセンス契約を結んだという。

この契約によって、アイピエリアンは京都大学が特許をもつiPS細胞を使い、薬の研究開発などができる。両者の特許を京都大学のものとして一本化するかわり、アイピエリアンはその特許を自由に使えるようにしたのだ。また、山中さんがアイピエリアンの科学諮問委員となって助言することも、契約に盛り込まれた。

「インターフェアランスを回避するために、アイピエリアンから申し出があった」

松本総長は契約交渉が始まった経緯を、こう説明した。

転機は2010年末に訪れた。アイピエリアンのマイケル・ベヌーチ社長から京都大学に、突然「トップ会談で解決できることはないか」と打診があったという。ベヌーチ社長は12月28日に京都大学を訪れ、松本総長らと面会。年明けの2011年1月19日にも再び会談がもたれた。

京都大学にとっても、インターフェアランスは避けたいところだった。まもなくアメリカで両者の特許についてインターフェアランスが宣言されるという情報は、京都大学にも伝わっていた。もしインターフェアランスが宣言されると、特許争いを決着させる審査のための弁護士費用や証拠をそろえる費用などで、争い1件につき1億〜10億円かかるといわれる。

京都大学にとっての「出費」は、それだけではすまない。

「審査期間中はひっきりなしに詳細な問い合わせや、資料提供が求められる。その結果、山中教授を中心とする研究グループの研究時間が大幅に減ってしまう」

松本総長は、こう話した。

無駄な「出費」を避けたい京都大学と、いち早くiPS細胞を使って創薬ビジネスにつなげたいアイピエリアンの思惑が一致し、2011年1月27日に今回の契約を締結した。

会見に同席した山中さんは、今回の契約を「ノーサイド」と表現した。

「万全の態勢で係争に臨んでいた。まさに土俵に上がろうとしていたところに、土俵に上がらなくていいということになった」

「私が本当に戦わないとダメなのは研究の場。そちらに集中できるという意味では、これがいちばんいい道だと思います」

山中さんは会見で、こう語った。

その一方で「今の気持ちは安堵《あんど》か」と問われると、「安堵というのは当てはまらない」と述べ、そもそもの特許争いについては強気の姿勢を崩さなかった。

京都大学がiPS細胞をめぐる特許争いで、最大のライバルと見なされていたアイピエリアンと「和解」したことは、京都大学にとっては大きな前進だった。しかし、これで京都大学が世界の特許争いで完全に優位にたったというわけではない。iPS細胞をめぐる技術の進歩はめざましく、関連特許の出願も増えている。特許戦略が今後も極めて重要であることに、変わりはない。

「アメリカを中心に、アイピエリアン以外にも特許出願している企業はある。今後もそういった新たな特許係争に十分な対策をしていきたい」

山中さんも会見で、こう話した。

2011年7月、京都大学にとってもう一つ朗報が届いた。iPS細胞作製技術の特許が欧州でも成立した。国内での特許はすでに成立し、国外では4番目だ。

iPS細胞作製に使う遺伝子の種類が、国内特許よりも広い範囲で認められ、今後見つかるものでも構造などが似通っている遺伝子なら、類似因子として認められる。遺伝子でつくられるタンパク質でもよい。現在知られているｉＰＳ細胞づくりに必要な組み合わせのほとんどを押さえていることになる、としている。

記者会見した山中さんは、

「研究者だけでは手に負えない、本当に大変な作業だった。ほっとした」と語った。

◆「知的財産」後進国

特許の概念は、科学や技術の進歩とともに変わる。とくに１９９０年代以降の生命科学の急速な進歩によって、特許の概念は大きく揺さぶられてきた。

生命の設計図である遺伝子ＤＮＡ。すべての設計情報はこのＤＮＡの、４種類の塩基の配列で記されている。１９９０年代初め、アメリカ国立衛生研究所（ＮＩＨ）の研究チームがヒトのＤＮＡの塩基配列を続々と特定し、それを特許として出願して世界を驚かせた。

「機能もわからない塩基配列を、特許として保護する意味があるのか」という議論がわき起こり、特許庁など世界中の特許審査機関が対応を迫られた。

国際的な議論の末、１９９０年代末に「塩基配列だけでは特許を取得できない」というのが世界共通の判断基準になった。現在の基準では、たとえばある塩基配列があるタンパク質をつくり、そのタンパク質がこんな働きをする、あるいはある病気の治療や診断に役立つというところまでつきとめて、初めて特許を取得できる。

アメリカのこうした「特許攻勢」は、はからずも特許など知的財産に対する日本の「後進国ぶり」を浮き彫りにした。とくに大学などの公的研究機関の関係者の間にはこの時代、「遺伝子など特許制度になじまない」という考えが根強く、国際的な特許競争で後手を踏んだ感があった。

こうした「後進国ぶり」を印象づけた事件が、2001年5月にアメリカで起こった。日本人研究者らによる「遺伝子スパイ事件」である。

アメリカ・オハイオ州の連邦大陪審は5月9日、同州クリーブランドにあるクリーブランド・クリニック財団（CCF）ラーナー研究所から遺伝子や試薬を盗み出し、一部を破壊したとして、日本人の研究者2人を経済スパイ法違反などの罪で起訴した。

1人はラーナー研究所でアルツハイマー病の発症の仕組みなどを研究していた日本人研究員で、1999年9月に日本の理化学研究所に採用され、起訴当時はすでに研究拠点を日本に移していた。起訴状によると、この研究員は帰国前の同年7月にラーナー研究所の研究室からデザイナー遺伝子とよばれる遺伝子や試薬を盗み出し、一部を破壊し、最終的にこれらを理研に持ち込んだ。

もう1人の日本人研究者はアメリカの大学助教授で、これらの遺伝子などを一時的に預かっていたとされた。

当時、日本の大学などの公的研究機関では、研究データや研究成果の帰属が研究者個人であったり、組織であったりと、極めてあいまいな状況だった。遺伝子などを安易に持ち出してしまう背景に、こうした日本の状況があるのではないかと指摘された。

ラーナー研究所の外観
©朝日新聞社

事態を重く見た日本政府は、2002年3月に知的財産戦略会議を発足させた。そして、同年7月には「大学・公的機関等における知的財産創造」などを目指す「知的財産戦略大綱」を決定した。「かつて『象牙の塔』といわれた大学が、自ら知的財産を生み出す体制へと生まれ変わることが必須」などとして、全国の主要大学に「知的財産本部」を設けるなど、知的財産の取得・活用体制を強化する取り組みが遅まきながら始まった。

「遺伝子スパイ事件」は、最終的には理研に遺伝子などを持ち込んだとされた研究員に対するアメリカ司法当局の身柄引き渡し要請について、東京高裁が200

4年3月29日、引き渡しを認めない決定を出すという形で終結した。引き渡しに応じるには、日本の裁判所の目から見てもアメリカで罪を犯した疑いがあることが必要だが、そこまでの嫌疑は認められないと判断した。もう1人の在米の日本人研究者はそれ以前にアメリカで司法取引をして、罰金と保護観察処分を受けていた。

朝日新聞はこの東京高裁決定の翌30日付の朝刊に、「お粗末な事件の苦い教訓／遺伝子スパイ」という社説を掲載した。高裁の決定については「妥当な判断だ」としながら、遺伝子や試薬を盗んだとされた日本人研究者に、こう苦言を呈した。

「知的財産をめぐり国家間で激しい競争が繰り広げられている時代に、スパイと疑われるようなお粗末な行動をしたことを自覚すべきだ」「今は科学者が国境を越え、研究機関を渡り歩いている。試料を持ち歩くことも珍しくはない。だが、そこでは許可を取るなど守るべき研究者同士のルールがある」「今回の事件は特異な例ではあるが、文化や法律の異なる外国で活動する研究者への苦い教訓と受け止めたい」

◆生かされた教訓

空騒ぎに終わった感もある「遺伝子スパイ事件」だが、日本の大学や公的研究機関の特許取得態勢の強化が図られるきっかけになった。iPS細胞をめぐり、京都大学とアメリカのバイオ企業アイピエリアンとの争いが２０１１年1月末、両者の契約という形で回避されたのも、こうした態勢強化の賜物ともいえる。

京都大学の山中伸弥教授はその契約締結を発表した2月1日の会見で、こう話した。

「大学の研究者はこれまで、私も含めて、論文での競争を内外の研究者としてきた。今後もそれがいちばん重要な活動であることに変わりはないが、それに加えて、知的財産の確保、知的財産の競争も意識に入れて、しっかりそのルールを理解して、心がけないとダメだなと思います」

特許をめぐる国際競争は、はてしなく続く。しかも特許は、そもそもその発明が利用されなければ意味がない。京都大学がどれだけｉＰＳ細胞関連の特許を押さえても、それらが実際に臨床で使われ利益をもたらすころには、20年という特許の有効期間が切れているかもしれない。

そのときに最も利用価値がある特許を押さえているところが、最終的な「勝利者」ということになるのだろうか。

第6章　応用への期待

◆病気の仕組みを探る「道具」

「ここにｉＰＳ細胞が入っているのよ」

２００９年夏。アメリカ・マサチューセッツ州にあるハーバード大学幹細胞研究所。金属のタンクのふたをあけて、責任者のロラン・デロンさんが見せてくれた。

ｉＰＳ細胞（人工多能性幹細胞）は体のあらゆる組織の細胞になりうる。心筋細胞をつくって働きが悪くなった心臓に移植するなど、再生医療への期待がかかる。しかし、人に移植しても安全と保証されたｉＰＳ細胞は、まだない。

このタンクで保存しているのは、病気の仕組みを探る「道具」としてのｉＰＳ細胞だ。パーキンソン病や糖尿病など、10種類以上の病気の患者の皮膚からつくった。世界の研究者に、要望に応じて配布している。

　iPS細胞の維持は手間がかかる。すべての要望にただちに応じることはできないので、教員らでつくる委員会が優先順位を決めているという。具体的には申請された計画書でiPS細胞を使う目的を読み、順位を決める。その際、ES細胞を使ってある程度研究が進んでいることが条件になるという。

　iPS細胞は研究でそのまま使うわけではなく、神経や筋肉など研究目的の細胞に分化させてから使う。分化の方法がES細胞で確立しているものならiPS細胞でも同じ方法が試せるので、研究がすぐに始められるからだ。

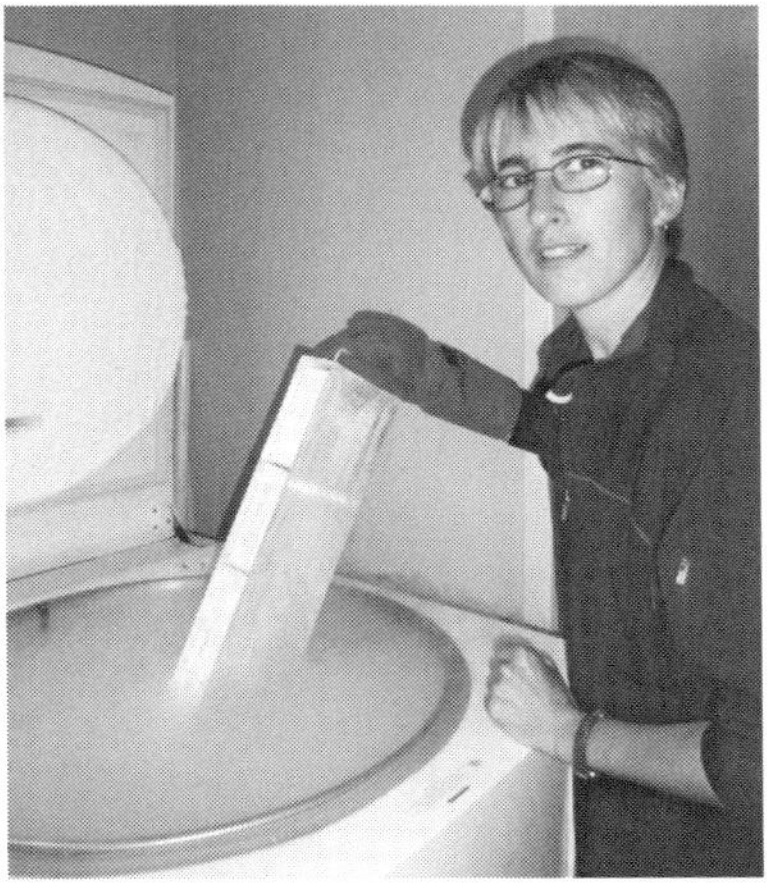
iPS細胞のタンクをあけるハーバード大学幹細胞研究所のデロンさん
©朝日新聞社

「患者のiPS細胞でゼロから試すのは、ダメです」とデロンさんはいう。

　病気の仕組みを患者のiPS細胞で探るとは、どういうことか。

　たとえばALS（筋萎縮性側索硬化症）という病気がある。全身の運動神経が衰え、身体が動かせなくなっていく病気だ。アメリカ・大リーグのルー・ゲーリック選手がこの病気になったことから「ゲーリック病」ともよばれる。なぜ運動神経だけ衰えていくのかは不明で、根本的な治療法はないし、病気の仕組みを調べたくても、患者から神経細胞をとることはむずかしい。とったとしても、神経細胞は増やすことができない。

　それが、患者の皮膚からiPS細胞をつくれば、無限に増やせるし、iPS細胞から運動神経の細胞にすることもできる。これを健康な人の細胞と比較すれば、病気の仕組みに迫れる可能性がある。患者の運動神経だけが衰えていくのなら、それを防ぐ薬を探すこともできそうだ。

「細胞を使った、薬のスクリーニング（ふるい分け）システムです」

　このアイデアの原型を2005年に思いついたというハーバード大学のリー・リュービン教授は、こう話した。

ハーバード大学のリュービン教授
©朝日新聞社

　ALSと似た症状で、遺伝子の異常で生後すぐに発病するSMA（脊髄性筋萎縮症）では、同じ症状をもつマウスの受精卵を壊してES細胞（胚性幹細胞）をつくり、病気の神経細胞にして、神経を守る薬を探した。リュービン教授は、ヒトでもこの方法ができないかと考えた。患者の細胞の核を取り出し、あらかじめ核を除いた卵子に入れると、患者の遺伝子をもったクローン胚がつくれる。このクローン胚から、患者とまったく同じ遺伝子をもったES細胞が理論的にはできる。しかし理論的に可能とはいえ、研究目的で卵子の提供者を探すのは非常に難しい。

そこにiPS細胞が登場した。

ES細胞であれこれ工夫していたから、iPS細胞の利点にすぐ気づいた。iPS細胞なら多くの患者から、しかもたくさんの細胞を、まとめてつくることができる。

多くの研究者がこの可能性に目をつけた。アメリカのウィスコンシン大学チームはSMA患者由来のiPS細胞を使って神経細胞をつくり、既存の薬の効きを調べ、てんかん薬に神経を守る働きがあると発表した。リュービン教授らもSMA患者のiPS細胞をつくり、多数の薬を試している。

京都大学の中畑龍俊教授らは、筋ジストロフィーの患者のiPS細胞を作製した。細胞を提供した子どもの親から「この子の治療には役立たないかもしれないけど、将来、同じ病気のお子さんのために」と言われたという。

慶應義塾大学もさまざまな病気の患者のiPS細胞をつくっている。iPS細胞を「道具」として病態解明に取り組む動きが、世界中で始まっている。

◆製薬会社でも

幹細胞を使って病気の仕組みが解明できれば、治療法の開発につながる可能性がある。製薬会社も興味をもっていると聞き、世界最大の製薬会社ファイザー社（アメリカ）のボストンにある研究所を訪ねた。

再生医学研究部門の責任者ジョン・マクニッシュさんはかつて、ES細胞の研究でノーベル医学生理学賞を受賞したノースカロライナ大学のオリバー・スミシーズ教授のもとで研究していた。製薬会社で創薬支援のための幹細胞研究を始めるために、入社した。マクニッシュさんの話から、アメリカの製薬企業の多面的な戦略の一端を知ることができる。

「昔は薬の開発といえば化学だったが、この10年で変わった。今は生物学を理解して薬を開発しようとしています」

薬を見つける道具として幹細胞研究は、1990年代、マウスのES細胞を使った動物モデルづくりから始まったという。

マウスのES細胞を使って、特定の遺伝子が過剰に働くようにしたり、逆に働かないようにしたりした遺伝子改変マウスをつくると、ヒトの病気と同じような症状をもつマウスができることがある。こうしたマウスを「モデルマウス」とよぶ。モデルマウスの中で何が起こっているのかを調べ、最適な薬を探していく。

ただ、遺伝子はほかの多くの遺伝子と相互作用をしていることがわかっているから、一つの遺伝子の働きを異常にして病気になったとしても、その遺伝子そのものが治療の標的になるとは限らない。マクニッシュさんは遺伝子の相互作用の仕組みを調べて最適な薬のターゲットとなる遺伝子を探したり、モデル動物を使って薬の効果を試したりしてきた。

それから幹細胞そのものを使って薬の開発ができないか、研究した。

生物の実験に使われる細胞はふつう、がん細胞であることが多い。増えやすく、維持しやすいからだ。しかし、がん細胞はもちろん正常な細胞ではない。薬を見つける道具にするなら、正常な細胞に越したことはない。とはいえ、死体から、たとえば肝臓などの細胞をとってきても、遺伝子は正常だが、あまり増えない

ファイザー社のマクニッシュさん
©朝日新聞社

し長く生きない。

それが幹細胞なら遺伝子は正常だし、10年間も変化せずに維持できる。モデル動物をつくらなくても、幹細胞だけでできる研究がいろいろあるそうだ。

そもそもモデル動物をつくるのには、コストも時間もかかる。特定の遺伝子をなくすと死んでしまい、モデル動物ができないケースもある。でも、細胞で特定の遺伝子をなくしたり、増やしたりするだけなら簡単だ。まして幹細胞なら、それから神経細胞をつくったり、筋肉の細胞をつくったりと、さまざまな細胞に分化させて使える。

細胞ベースで薬の開発、スクリーニング、効果、安全性の試験を始めた。細胞でも、うまく使えば、最適な薬の量まで予測することもできるという。

「ファイザーは、他社よりずっと早く幹細胞を薬開発の道具として使い始めたが、今はほかの多くの会社も使っている」とマクニッシュさんは話す。

幹細胞としては、体の中にもともとある幹細胞も、ES細胞も使っている。ヒトES細胞も使っているが、使用を始めるにあたっては社内で議論になったという。倫理的な観点からヒトES細胞に反対している人たちがファイザー製品をボイコットするような事態にならないか、ということが問題になったのだそうだ。その結果、いったんは利用を見送ったものの、社内でもう一度議論をして、指針をつくり、使うことにしたという。

製薬会社は、安定した小さい分子の薬をつくり、臨床試験をする方法にたけている。薬の候補になる小さい分子も莫大な数をもっていて、どれがいいか、かたっぱしから自動的に試すシステムもある。幹細胞から必要な細胞をつくって治療に使う「細胞治療」も将来的な展望の中には入っているが、まずは幹細胞を創薬の道具としてとらえている。

◆薬の毒性を調べる

幹細胞は、病気の仕組みを探り、薬を探すだけでなく、薬の毒性試験にも使える。

iPS細胞は、多数の人から簡単につくることができる。さまざまな遺伝子タイプのヒトのiPS細胞をつくり、そこから神経や心筋などの細胞を作製して、薬のスクリーニングに使うことが可能だ。どの遺伝子タイプの人が薬の効果が出るのか、あるいは副作用が出るのかといったことを、調べられる可能性がある。

ハーバード大学のリュービン教授は「山中の2006年の論文を読んだとき、これは製薬産業に重要だとすぐにわかった。幹細胞を薬のスクリーニングシステムに使えるようになる。それも大きなスケールでできる可能性があるとね」と話した。

開発しようとしている薬がどんな人に効果があるのかを前もって知ることができれば、開発コストを下げられる可能性がある。コストがかさむ大規模な臨床試験をしなければならないのは、薬の効果を証明するためには大勢の人で試す必要があるからだ。もし前もってどんな人に効果があるかがわかれば、そうした人だけを集めて、少人数で効果を証明できる可能性がある。

日本でも、この可能性に目をつけているグループがある。東京医科歯科大学の安田賢二教授らのチームだ。ＥＳ細胞やｉＰＳ細胞を薬のスクリーニングに使う方法を開発している。

予期せぬ副作用のために、多くの薬の開発は途中で中止される。とくに心配されるのが、心臓毒性と肝臓毒性だ。安田教授らは、ＥＳ細胞やｉＰＳ細胞からつくった心筋細胞を使い、心臓毒性を調べるシステムを開発した。

心臓の細胞は、隣り合った細胞が規則的に収縮し、全身に血液を送り出している。細胞には特定の物質を選択的に通す仕組みがある。薬でこの仕組みが阻害されると、心筋細胞の拍動が遅くなる。隣り合った細胞で拍動が乱れると、不整脈が起こる。突然死の原因になるものだ。

安田教授らは心筋細胞をばらばらにして、基板の上にのせた。細胞を空間的に配置し、本物の心臓のように同期して動くネットワークを作製する。個々の細胞の働きを調べながら、隣り合う細胞との拍動のずれを見て、致死的な不整脈が起こるかどうかを調べるシステムをつくった。

アメリカではＣＤＩ社（ウィスコンシン州）というバイオテクノロジー会社が、ＥＳ細胞やｉＰＳ細胞からつくった心筋細胞を創薬支援のためにすでに販売している。ＣＤＩは、ヒトＥＳ細胞を世界に先駆けてつくり、ヒトｉＰＳ細胞の作製も京都大学と同時に発表したアメリカ・ウィスコンシン大学のジェームズ・トムソン教授が協力者と設立した幹細胞の会社だ。

CDIのクリス・ケンドリック・パーカーさんに話を聞いた。

「トムソン教授は現実的な人です。彼の考えでは、幹細胞は遠い将来は治療に使えるだろうが、ただちに使えるのは薬を発見する道具としてです。幹細胞を分化させて、毒性試験に使います」

ES細胞だけでなく、iPS細胞を使っている理由は、政治的、倫理的問題を回避できるメリットがあるからだという。製薬会社はこうした問題に敏感に反応する。技術的なメリットとしては、ES細胞より個人の多様性を反映した細胞をつくることが可能なことをあげた。

「試験管の中の臨床試験とよんでいます。アジア人、黒人、白人と多数の人の心筋細胞を並べることができるからね。本当の臨床試験に入る前に、多数の試験ができます」

パーカーさんによると、製薬会社が臨床試験をした後に使う可能性も考えている。たとえば心臓毒性が出た場合、その患者の皮膚からiPS細胞をつくり、心筋細胞に分化させて、薬が副作用を起こした仕組みを調べる。その結果、特定の患者に副作用が起こるのは、特定の遺伝子のタイプだからと説明できるかもしれない。そして、こうした遺伝子タイプ以外の人では効果があることが証明できれば、それまで膨大なコストをかけた臨床試験を無駄にしなくてすむ場合も出てくるかもしれないからだ。

◆細胞移植の試み

２０１０年末、神戸市で開かれた日本分子生物学会で、慶應義塾大学の岡野栄之教授は、ヒトのｉＰＳ細胞からつくった神経のもとになる細胞を脊髄損傷で手足が麻痺《まひ》したサルに移植し、運動機能を改善させることに成功したと発表した。実験動物中央研究所との共同研究だ。

岡野教授らは、胎児の細胞やＥＳ細胞から、神経のもとになる細胞（神経前駆細胞）をつくる研究を続けてきた。同じ方法をｉＰＳ細胞に応用した。

京都大学グループがつくったヒトのｉＰＳ細胞から神経細胞のもとになる細胞を作製し、サルの仲間のマーモセットを使い、脊髄損傷から９日目に移植した。その結果、移植を受けないと手足が麻痺して起きあがれず、握力も弱いままだが、移植を受けたマーモセットは６週間後に自由に歩き回れるまで回復し、握力も改善した。移植による拒絶反応を防ぐために免疫抑制剤を使った。経過を見た84日目まで、腫瘍はできなかった。

この研究は、文部科学省の「再生医療の実現化プロジェクト」の一つとして進められた。基礎実験で終わらせず、患者に応用するために何をする必要があるかが考えられている。マウスではなくサルを使ったのはそのためだ。今後、臨床試験に使える安全なｉＰＳ細胞を使う準備を進めていくという。

岡野教授らが注目してきたのは、ｉＰＳ細胞の手本とされるＥＳ細胞の臨床試験だ。アメリカのバイオベンチャー・ジェロン社（カリフォルニア州）が2010年、世界の先頭を切って開始した。対象は脊髄損傷。ES細胞から細胞を保護する役割の細胞をつくって脊髄の損傷部分に注入し、神経細胞の再生を促すという。

ジェロン社は1999年からヒトES細胞の研究をしており、2008年にアメリカ食品医薬品局（FDA）に臨床試験を申請した。FDAは同年に承認したものの、追加データを求めて延期を命じるなど、実施に慎重な姿勢を取ってきた。それが、ようやく開始されたのだ。

アメリカでは、あらゆる臨床試験計画はFDAに申請し、科学的な審査を受けることになっている。世界で初めての試験の場合、安全性を確認する方法も確立していない。こうしたケースでは、FDAの審査官が問題点や解決法の相談にのる。ジェロン社は2万1000ページ以上の書類をFDAに提出した。こうしたデータがFDAに蓄積されていく。

慶應義塾大学の岡野栄之教授

岡野研Weblog（http://www.okano-lab.com）より

文科省の「再生医療の実現化プロジェクト」では、脊髄損傷のほか、網膜色素変性症の患者への移植や、心筋梗塞の患者への心筋移植などの研究も進められている。しかし、現実の臨床応用を目指すうえで、課題はまだ山積している。

アメリカの臨床試験の審査プロセスは莫大な費用がかかるが、試験が成功すれば、そのまま製品化への道が開ける。一方、日本の先端的な医療研究は薬の承認のための臨床試験とは別のルートでなされ、製品化に至らずに終わることが多かった。

世界初の取り組みの場合、どこまで安全性をチェックすればいいのか、どんなデータを認め、何を理由に自信をもって判断するのかなども、臨床試験の審査をめぐる日本の大きな課題だ。

第7章　応用への課題

◆「がん化」の壁

「残念ながら、まだｉＰＳ細胞を患者さんの治療に使うことはできません」

一般向けの講演でｉＰＳ細胞の応用への夢を語るとき、京都大学の山中伸弥教授はこう付け加える。最大の課題は、ｉＰＳ細胞由来の細胞を移植した後、がんになるのではないかという懸念があることだ。

ｉＰＳ細胞は、皮膚の細胞に４つの遺伝子を送り込んでつくられた。遺伝子の運び屋（ベクター）にはレトロウイルスが使われる。分子生物学の実験では、遺伝子の運び屋としてレトロウイルスが当たり前のように使われるが、これががん化にかかわるのだという。

どういうことか。

レトロウイルスは細胞（宿主細胞）に感染すると、その核に入り、染色体にウイルスの遺伝子を潜り込ませる。分子生物学の実験では、このウイルスの性質を利用して、運び屋として使っている。ウイルスの遺伝子に導入したい遺伝子をくっつけて、細胞に感染させるのだ。すると、宿主細胞の染色体には、外部から導入された遺伝子が永遠に残る。宿主細胞が分裂して増えても、導入された遺伝子は消えることなく、宿主細胞の中で働き続ける。このウイルスの働きを利用することで、ｉＰＳ細胞も作製された。

問題は、外部から導入された遺伝子が、宿主細胞の染色体のどこに入り込むのかはわからないことだ。入り込む場所によっては、宿主細胞の遺伝子を傷つけたり、細胞の増殖にかかわる遺伝子を異常に活性化させたりして、がん化させる恐れがある。

レトロウイルスによるがん化の可能性が深刻に受け止められた背景には、「遺伝子治療」の苦い経験がある。

特定の遺伝子が働かない病気に対して、外部から遺伝子を送り込んで治療しようという「遺伝子治療」は、１９８０年代から最先端の夢の治療として注目を集めた。ところがフランスで、ある遺伝子が生まれつきうまく働かずに起こる免疫不全の患者5人に対して遺伝子治療をしたところ、その病気は治ったものの、３人が白血病になった。

それまでは、レトロウイルスを運び屋として使えば理論的にがんになる可能性はあるが、非常にまれなことだと推定されていた。それが、偶然にしては高すぎる頻度で起こってしまったのだ。このことは関係者に大きな衝撃を与えた。

iPS細胞を使った治療でも、レトロウイルスを使っている以上、同じ問題が起こりかねない。がん化の問題はiPS細胞が開発された当初から指摘されてきた。実際、iPS細胞をマウスの受精卵に入れて、受精卵とiPS由来の細胞が混ざった「キメラ」のマウスをつくると、半数程度のマウスでiPS由来の細胞から腫瘍ができてしまうという。

◆がん化を抑える試み

iPS細胞からつくった細胞を移植し、いったん治療効果が出たとしても、がんになっては意味がない。そこで、遺伝子を染色体に入れないようにする方法が研究されてきた。

iPS細胞作製の発表以降、遺伝子の代わりに化合物を使ったり、特殊なDNAやRNAを使ったりと、さまざまな手段が試されてきた。世界の研究室が、がん化しないiPS細胞の開発競争にしのぎを削り、競争は今も続いている。

簡単にいかないのは、同時にiPS細胞の「作製効率」も考えなければならないからだ。作製効率がいいとされるレトロウイルスを使う方法でも、iPS細胞ができる確率は極めて低い。皮膚の細胞1000個に遺伝子を入れて、iPS細胞が1個できるかどうかという程度だ。レトロウイルスを使うにしても、作製効率を高めることが課題になっていた。

作製効率を高める手段の一つとして注目を集めたのは、「p53」という遺伝子の働きを抑える方法だ。

2009年、ほぼ同じ結果を示す論文が日本、アメリカ、スペインから計5本、同時に科学誌『ネイチャー』に掲載された。山中教授の研究室もその一つを発表した。激しい国際競争が繰り広げられていることを物語る。

論文発表時に京都大学で記者会見があったが、山中研究室ではなく、アメリカのソーク研究所のグループのものだった。アメリカ留学中に同研究所で実験をして、論文を書いた川村晃久さんが、京都大学の助教として戻っていたからだ。

「p53」はDNAが傷つくなど、がん化しかねないときに働き、細胞分裂を抑えたり、細胞死を導いたりと、さまざまな手段を講じて身体を守る。

いったん役割が固定した細胞はふつう、分裂しても役割を変えない。iPS細胞づくりは、いったん役割が決まった細胞を受精卵に似た状態に無理矢理変えることにほかならない。しかし、細胞にとっては、役割を変えられることは異常事態である。この異常事態を避けるために「p53」が働き、作製効率アップの妨げとなっているのではないかと、川村さんは考えている。

「一種の防御反応のようなものではないか」と川村さんは言う。

作製効率を上げることと、がん化を防ぐことを、同時に達成できないのだろうか。

山中研究室では、導入する4遺伝子のうち「c-Myc」の代わりに「L-Myc」を使うと、がん化が抑えられ、作製効率が上がるという成果を発表した。

「c-Myc」はがん遺伝子で、さまざまながん細胞でその働きが異常になっていることが知られていた。もともと、できれば使いたくない遺伝子だった。一方、「L-Myc」は「c-Myc」と違い、がん化させる力はあまりないと考えられている。しかも、「L-Myc」にしたら作製効率が高まった。山中研究室ではさらに、これらの遺伝子を、レトロウイルスを使わずに導入する方法の開発も進めているという。レトロウイルス以外のウイルスで、染色体に入り込まないものを使う方法はすでに知られている。

もう一つ、山中研究室では、がん化する恐れのある不完全な細胞の増殖を抑える方法を見つけた。「c-Myc」のかわりに、「Glis1」という遺伝子と置き換えるというものだ。

マウスの実験で、４遺伝子を入れてできた細胞群のうちｉＰＳ細胞の細胞群の割合は約20％だった。それが「c-Myc」の代わりに「Glis1」を使うと、３回の実験いずれでもほぼ１００％になった。ヒトの細胞でも、４回の実験の平均が約10％から約50％に上がった。

「Glis1」は不完全な細胞が増えるのを抑える働きがあり、残り３つの遺伝子の働きも促すことで作製効率を高めているらしい。

記者会見を開いた山中さんは、

「数年後には網膜などで臨床試験を始められるのではないか」と自信を見せた。

◆がん化を抑える

アメリカ・ハーバード大学のグループは、mRNA（メッセンジャーRNA）を使ってiPS細胞を作製することで染色体を傷つけない作製法に成功したと、2010年に発表した。mRNAはDNA遺伝子のコピーで、核にあるDNAはいったんmRNAに写しとられてから、核の外に出てタンパク質をつくる。DNAのかわりに、mRNAを導入してiPS細胞をつくったところ、染色体に入り込むことなく、作製効率を上げることにも成功したという。

次々と新しい論文が発表され、安全性の問題は解決に向かっているようにも見える。しかし、実用化に向けて、越えなければならない壁はまだまだ高い。

たとえば染色体に外来の遺伝子が残るという問題が解決しても、もう一つ、考えなければならないことがある。それはES細胞にも共通する、そもそもの性質に由来する問題だ。

iPS細胞は、体のどの組織の細胞にもなり、無限に増えるという性質をもつ。この性質を確認するテストとして、マウスにiPS細胞を移植して、テラトーマ（奇形腫）ができるかどうかを見るというものがある。テラトーマは良性の腫瘍で、さまざまな組織の細胞が混じっている。話はそれるが、手塚治虫のマンガ『ブラック・ジャック』に出てくるピノコは、姉のテラトーマからできたことになっている。

iPS細胞を治療に使うときは、神経、心筋など目的の細胞に分化させて移植する。しかし、もとのiPS細胞がほんのわずかでも混じっていると、前述のテストでわかるように、テラトーマができる可能性がある。

テラトーマは良性の腫瘍なので、悪性のがんとは違い、取り除くことができれば問題がないとされる。しかし、治療のために細胞を移植したものを、また取り除くのでは、治療の意味がなくなってしまう。これも避けなければならない問題だ。

京都大学と慶應義塾大学は共同で、この問題に取り組んだ。マウスのiPS細胞を、神経のもとになる前駆細胞に分化させ、移植して腫瘍のできやすさを調べた。その結果、iPS細胞のつくり方によって、腫瘍のできやすさに違いがあることがわかった。

iPS細胞も胎児マウスからつくるか、大人のマウスからつくるか、皮膚の細胞からつくるか、肝臓の細胞からつくるか――。さまざまな組み合わせを試してみた。すると、胃の細胞からつくったiPS細胞は腫瘍を形成しにくく、大人のマウスの皮膚からつくったものは腫瘍を形成しやすいことがわかった。一見、同じように見えるiPS細胞でも、それを神経前駆細胞に分化させると、すべて分化するものと、分化しないものが残ってしまうものがあるらしいこともわかった。

「分化に抵抗する何かが働いている」と慶應義塾大学の岡野栄之教授は見る。そして、それが何かを突き止め、抑える方法を考えているという。

◆メリットを捨てても

iPS細胞のお手本といわれるES細胞でも、ヒトのES細胞の開発から臨床試験が始まるまで10年以上かかった。

細胞は工場でつくる機械の部品と違い、同じ方法でつくってもばらつきが出てしまう。最終的に移植する細胞の安全性をどのように保証するのか。大量につくって、多くの項目のテストを繰り返し、動物に移植しても腫瘍をつくらないことなど、安全性を確認する必要がある。

iPS細胞は、ES細胞よりさらにばらつきが大きいといわれる。半導体工場のようなクリーンルームで細胞を大量に培養するだけでも、莫大なコストがかかる。それに安全性確認のコストが加わる。患者ごとにiPS細胞をつくっていては、医療として経済的に成り立たない。

山中教授らはボランティアに細胞を提供してもらい、あらかじめ安全性が確認されたiPS細胞を集めたバンクをつくり、治療に使う計画を立てている。

バンクを使えば、治療の際、他人の細胞を移植することになり、拒絶反応が問題になる。iPS細胞は自分の細胞を使えるのでES細胞よりよいというメリットが生かせなくなる。それでもバンクを計画しているのは、さまざまな組織の細胞が比較的簡単につくれるというｉＰＳ細胞の利点が、より確実に生かせる可能性があるからだ。

輸血のときに血液型が問題になるように、臓器移植の拒絶反応では白血球の型が問題になる。「ＨＬＡ」と呼ばれる型で、種類が多い。それでも、このうちの50種類の型を集めれば、日本人の９割をカバーできるという試算がある。

安全なｉＰＳ細胞ができたとしても、研究や治療に応用するときは分化させて使う。そこで、分化させた細胞でさらに安全性を確認する必要があるため、コストの問題がこれで解決というわけにはいかない。

第8章　さまざまな万能細胞

ここで「万能細胞」の研究の歴史を振り返っておこう。

ヒトの体内には「幹細胞」という細胞群が少ないながらも存在している。さまざまな種類の細胞になる能力を秘めたまま自己増殖を続ける細胞で、赤血球や白血球、血小板など血液のもとになり、骨髄中にある造血幹細胞がよく知られている。

どんな組織にもなる万能細胞を使って、思い通りの細胞をつくれないか。そんな研究が盛んになったのは、1970年代に入ったころだ。

◆EC細胞

手塚治虫のマンガ『ブラック・ジャック』に登場するピノコはテラトーマ（奇形腫）とよばれる良性の腫瘍からできたことになっている話は、前章で紹介した。テラトーマには体のさまざまな組織の細胞が混じっていることがあり、それらをつなぎあわせて人間ができた、という着想だ。人間をつくるのは現実には難しいだろうが、テラトーマの中には実際、さまざまな組織の細胞になりうる万能細胞がある。

１９７０年代、テラトーマのなかから細胞を取り出して培養することができるようになった。この細胞はＥＣ細胞（胚性腫瘍細胞）とよばれ、さまざまな組織の細胞になりうる細胞として発生学者に注目された。発生学は、受精してから体の形ができていく仕組みを探る学問だ。その研究の道具として、ＥＣ細胞が使われるようになった。

１９７５年、アメリカのベアトリス・ミンツ博士とカール・イルメンゼー博士はＥＣ細胞をマウスの受精卵に注入し、体のなかにＥＣ細胞由来の組織が混じっているマウスをつくった。「キメラマウス」である。

キメラはギリシア神話に登場する怪物で、ライオンの頭、ヤギの胴、ヘビの尾をもつ。生物学では怪物ではなく、遺伝的に異なった細胞をもつ動物をキメラ動物という。キメラマウスのなかにはＥＣ細胞由来の生殖細胞をもっているものもあり、この生殖細胞から子どももできた。

しかしＥＣ細胞はもともと腫瘍の細胞なので、キメラマウスにも腫瘍ができることが多かった。

◆ES細胞

研究者たちは、「正常」なEC細胞を手にしたいと考えるようになった。そして1981年、ケンブリッジ大学のマーチン・エバンス教授（後にカーディフ大学教授）らが、マウスの受精卵のなかから細胞を取り出して培養することに成功し、科学誌『ネイチャー』に発表した。

もう少し詳しく説明する。マウスの精子と卵子を受精させ、4日ほどして受精卵を体外に取り出した。受精卵は細胞分裂が始まっていて、外から見るとボール状になっている。ボールの内部には隙間ができて、細胞の塊がおさまっている。「胚盤胞」とよばれる状態だ。

エバンス教授らはこの内側の細胞の塊を取り出して、培養し、増殖させた。そのまま子宮にとどまっていれば、体のいろいろな組織になるところを取り出し、特殊な培養液のなかで培養したところ、この細胞は同じ状態を保ちつつ、無限に増えた。しかも、体のあらゆる組織になりうる能力を失うことはなかった。

ES細胞（胚性幹細胞）とよばれる細胞だ。

エバンス教授らは、この細胞をマウスに移植するとテラトーマができて、そのなかにはさまざまな組織の細胞が見られることを確認した。人類は万能性をもつ細胞を分離し、培養する方法を手に入れた。

エバンス教授は2007年、この業績でノーベル医学生理学賞を受賞した。いっしょに受賞したのは、アメリカ・ユタ大学のマリオ・カペッキ教授と、アメリカ・ノースカロライナ大学のオリバー・スミシーズ教授だった。

この受賞にあたっては、カペッキ教授の異色の経歴が話題になった。

カペッキ教授は1937年にイタリアで生まれた。母ルーシーさん（故人）は詩人で、反ファシズムの活動家だった。イタリア空軍のパイロットと恋に落ちたが、結婚はせずにシングルマザーとなる道を選んだ。

第2次世界大戦下、ルーシーさんは4歳の息子を残し、政治犯として投獄された。マリオ少年は預けられた農家を出て、4年間、路上で寝起きしたり盗みを働いたりして生き延びた。終戦で解放されたルーシーさんが1年かけて捜し出したとき、マリオ少年は栄養失調で病院に収容されていた。その後、渡米した2人はフィラデルフィア郊外で、多くの家族が土地を共有する「ユートピアコミューン」で暮らした。マリオ少年は英語もわからないまま、9歳で初めて学校に入り、小学3年生になった。

カペッキ教授とスミシーズ教授の業績は、ES細胞を使って狙った遺伝子を操作する手法を確立したことだ。1989年、これらの技術を組み合わせ、特定の遺伝子の働きを失わせた「ノックアウトマウス」がつくられた。

ノーベル賞の選考委員会は、ES細胞が医学研究にとって欠かせない研究の道具になっていることを高く評価した。

ＥＳ細胞を受精卵に注入すると、キメラマウスができる。キメラマウスのなかにはＥＳ細胞由来の生殖細胞をもつものがある。こうしたキメラマウスをかけあわせれば、全身がＥＳ細胞由来の細胞でできたマウスもつくれる。

さらにＥＳ細胞を使えば、特定の遺伝子をもつ細胞をつくったり、特定の遺伝子をつぶしたりすることは簡単だ。遺伝子操作をしたＥＳ細胞を使ってキメラマウスをつくり、かけあわせれば、全身の細胞が遺伝子操作されたマウスもつくれる。その結果、受精卵に直接遺伝子を入れたり、突然変異を起こさせたりするより、ずっと効率よく、遺伝子操作したマウスがつくれるようになった。

がんや高血圧など５００種以上のモデルマウスがこれまでにつくられ、さまざまな病気と遺伝子との関連を調べる研究が、世界中で飛躍的に進んだ。

マウスでのＥＳ細胞の成功は、ヒトのＥＳ細胞へ興味をかきたてた。研究者たちはＥＳ細胞の有用性をすぐに理解した。ヒトの基礎的な発生学に貢献することはもちろん、あらゆる細胞になる能力があれば、治療に必要な移植用の細胞を自由につくることが可能になる。ＥＳ細胞による遺伝子改変は、遺伝子治療にも応用できる。受精卵を壊してつくるという倫理的な問題をわきにおけば、大きな未来が広がっていると考えられた。

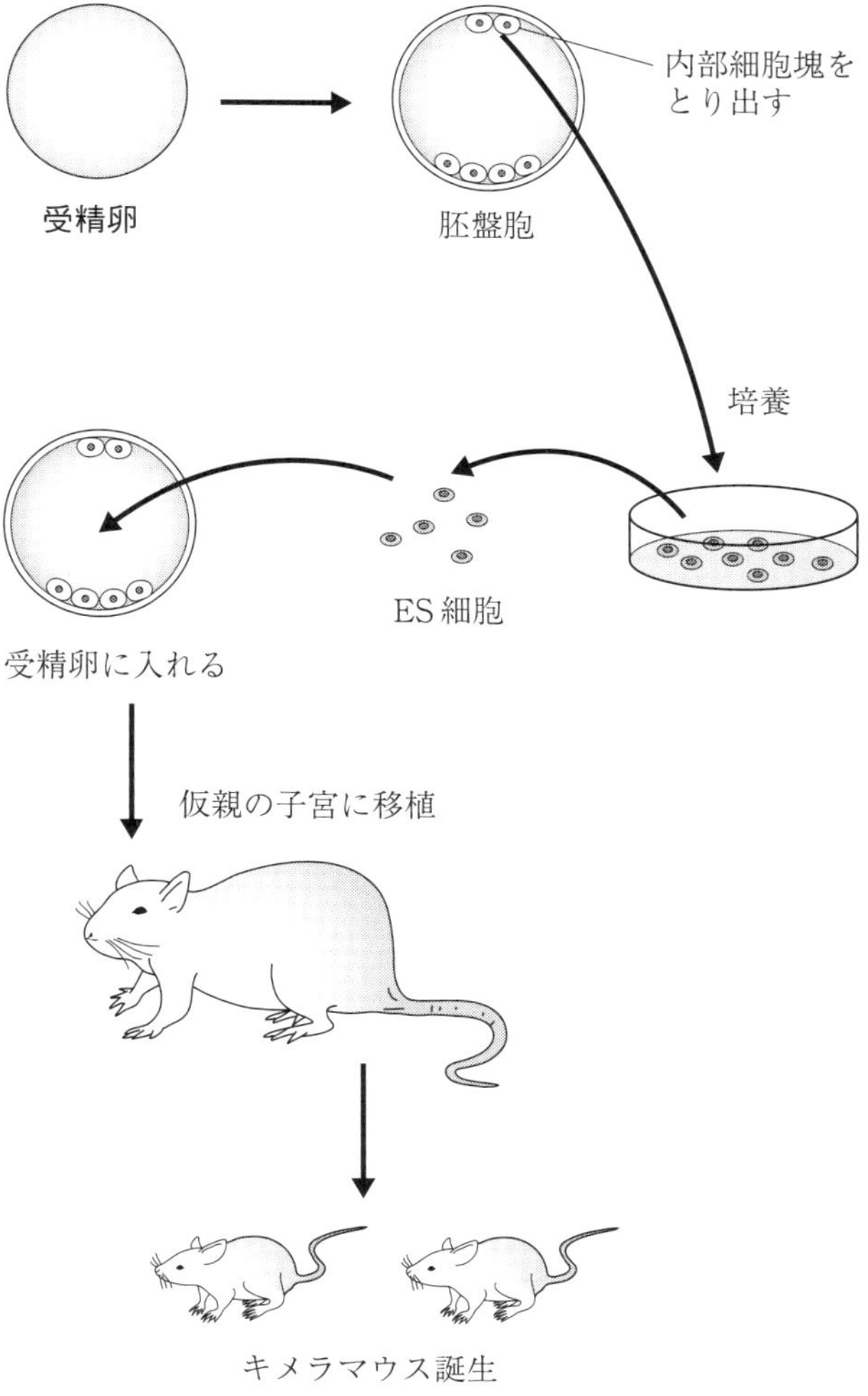

図8-1　キメラマウスのつくり方

ヒトでもES細胞に相当するものがつくれるのだろうか？

最初に成功したのは、アメリカ・ウィスコンシン大学のジェームズ・トムソン教授だった。霊長類の研究をしていたトムソン教授は1998年、ヒトのES細胞を作製することに成功したと、科学誌『サイエンス』に発表した。

『幹細胞WARS』（シンシア・フォックス著）によると、きわどい競争だったらしい。トムソン教授が成功する以前、シンガポールの不妊治療医が1994年にヒトの胚を使い、30個ほどの細胞を分離したと発表した。しかし、この細胞は不死ではなかった。

この発表を聞いたオーストラリアのモナッシュ生殖学発生学研究所のグループが興味をもち、シンガポールと共同研究を始めた。さらにイスラエルの研究者も加わり、ようやくヒトのES細胞づくりに成功したころ、わずかに早くウィスコンシン大学チームが論文を『サイエンス』に投稿していた。

ちなみにアメリカのジョンズ・ホプキンス大学のジョン・ゲアハルト教授も同じころ、ヒトの胎児の卵巣や精巣から培養した細胞で、やはり万能性細胞をつくり、アメリカ科学アカデミー紀要に発表した。こちらはEG細胞（胚性生殖細胞）とよばれる。

◆「究極の遺伝子治療」

トムソン教授やゲアハルト教授に研究資金を提供していたのは、バイオ企業のジェロン社（カリフォルニア州）だった。ヒトのＥＳ細胞の登場で、再生医療への注目は一気に高まった。

２０００年、アメリカのワシントンで開かれた幹細胞シンポジウムで、ジェロン社のトーマス・オカーマ社長は、こう語っていた。

「ＥＳ細胞研究の目標は、短期的には、薬の効き目を調べるためのさまざまな細胞をつくることです。長期的には、細胞治療に使える細胞の開発です」

目標の実現には、あらゆる臓器や組織をつくる可能性をもつＥＳ細胞かＥＧ細胞がいる。それもヒトのものが欠かせない。ジェロン社は、これらをつくった研究者から特許を商業利用する権利を取得した。さらに、クローン羊「ドリー」を生み出したイギリスのロスリン研究所から、クローン技術の商業利用権も手に入れた。

オカーマ社長は、臓器や組織の「オーダーメード」移植の青写真を描いていた。ヒトの未受精卵から核を除き、そこに患者の体細胞の核を入れて培養。特定の時期に内部の細胞塊を取り出して、ＥＳ細胞をつくる。それを神経や筋肉など必要な細胞に育てて患者に移植する。患者の遺伝情報をもっているので拒絶反応の心配がない。

カギになるのは、ＥＳ細胞を特定の組織や臓器の細胞に、思い通りに変える方法だ。その研究に、同社のほか、研究者らはしのぎを削っていた。

このとき、もう一つ大きな可能性があるとされていたのが、「究極の遺伝子治療」だった。ES細胞とクローン技術を組み合わせて、受精卵を治療しようというものだ。

当時、アメリカ・ロックフェラー大学の助教授だった若山照彦さん（後に理化学研究所）が、ES細胞からクローンマウスをつくってみせて、注目されていた。

ES細胞は特定の遺伝子を取り換えるような操作がしやすい。夫婦の受精卵（胚）からつくったES細胞を用いて、クローン動物をつくるのと同じ方法で子どもを誕生させる。子どもは夫婦の遺伝情報を引き継いでいる。遺伝子操作によってES細胞からあらかじめ遺伝病の原因を除いておけば、それこそ「究極の遺伝子治療」が理論上はできることになる。

◆ふつうの幹細胞への期待

ヒトの体内にもともとある幹細胞も、次々と見つかっている。

受精卵を壊してつくるES細胞には、つねに倫理問題がつきまとう。そこでES細胞にこだわらず、こうした幹細胞を使えばいいという指摘は少なくない。

2000年の取材当時、アメリカ・フロリダ大学のアモン・ペック博士らは、ネズミの膵臓の幹細胞を使った実験で効果を上げたと、すでに報告していた。膵臓と十二指腸を結ぶ膵管の細胞を取り出して培養すると、インシュリンを生産する細胞ができた。

骨髄中の幹細胞の利用も注目される。アメリカのメリーランド州ボルティモアにあるベンチャー企業のオシリス社は、骨髄にある幹細胞から、骨、軟骨、脂肪、腱、心臓の筋肉などをつくろうと研究している。

２００４年12月、さまざまな細胞になる能力をもつ万能細胞が精巣のなかにあることを、京都大学の篠原隆司教授らのグループが突き止め、アメリカの科学誌『セル』に発表した。精子のもとになる精子幹細胞を培養する研究のなかで見つかったという。

「ｍＧＳ細胞」（多能性生殖幹細胞）と名づけられたこの細胞も、ＥＳ細胞と同じ能力をもち、しかも受精卵を壊さずにすむ。

第9章　ハーバードに見るアメリカの強さ

◆「1勝10敗」

ｉＰＳ細胞は日本の山中伸弥・京都大学教授が開発の先陣を切り、世界をあっといわせた画期的な技術だった。多くの人が、日本が世界のトップを走っていると思っていた。

しかし、山中さんの考えは違っていた。

２００８年12月25日、生命科学研究の進め方などを議論する文部科学省ライフサイエンス委員会の部会に出席した山中さんは、日本の現状を「1勝10敗」と厳しく評価した。

「研究は勝ち負けではないというのも、もちろん正しいが、多大な研究費や支援を受けているなかで1勝10敗はまずい。自戒をこめて、研究者がふがいないと思っている」

山中さんはこう語った。

山中さんはたしかに世界で初めてマウスでｉＰＳ細胞づくりに成功したが、ヒトのｉＰＳ細胞作製の論文は、アメリカ・ウィスコンシン大学のグループと同着になった。その後、ｉＰＳ細胞から神経細胞をつくって動物の治療で試したり、患者からｉＰＳ細胞をつくったりする研究は、いずれもアメリカが先んじた。

ｉＰＳ細胞をつくる技術を改善する研究でも、ウイルスを使わない方法の開発では日本以外の海外のグループの論文が目立った。なかでもアメリカ・ハーバード大学の幹細胞研究所は次々とｉＰＳ細胞に関する論文を発表した。

この強さの秘密は何だろうか。２００９年夏、ハーバード大学を訪れた。

◆幹細胞研究所

アメリカ・マサチューセッツ州ケンブリッジ。古い歴史をもつボストンとチャールズ川をはさんで向かい合うこの街は、ハーバード大学やマサチューセッツ工科大学（ＭＩＴ）がある大学の街だ。そのなかでもハーバード大学は、おそらく世界で最も有名な大学の一つだろう。緑の芝生に囲まれたレンガ建ての校舎は、映画やテレビにもたびたび登場してきた。

ハーバード大学幹細胞研究所は２００４年に設立された。１６３６年創立という長い歴史をもつ大学のなかでは、極めて新しい研究所だ。設立の中心になったのは、アメリカの幹細胞研究のリーダー的な存在であるダグラス・メルトン教授で、研究所の副所長を務めている。

ハーバード大学幹細胞研究所
©朝日新聞社

「彼がいなかったら、この研究所はできなかった」という言葉を、複数の研究者から聞いた。

メルトン教授のリーダーシップは、それだけにとどまらない。

「基礎研究をするだけでなく、治療法の開発につなげたいという強い思いが、彼にはある。それが、この研究をほかと違うものにしています」と、ある研究者は話した。

「研究者はみんなそう思っているのでは？」と聞き返すと、この研究者は

「期待を裏切って悪いけど、基礎研究をしている人で、治療法が本当に見つかると思っている人は、ほとんどいないと思うよ。メルトン教授は特別だ」と言った。

現代の生物学は極めて細分化している。複雑な生命現象は、非常に多くの遺伝子の働きによって支えられており、1人の研究者が限られた時間のなかで解明できるのは、そのうちのほんのわずかに過ぎない。

だから研究者は、自分の研究成果が治療法の開発につながる確率は非常に低いということを認

識している。もちろん、いつか人類の役に立つ日がくればいいと願ってはいるが、それは遠い目標だ。これまで解明されてきたことに、ほんの少しずつ、新たにわかったことを積み上げていく。それが研究の現実である。

私は以前に読んだ、メルトン教授についてのアメリカの雑誌『タイム』誌の記事を思い出した。

幹細胞研究所副所長のメルトン教授
©朝日新聞社

メルトン教授は発生学の研究者だったが、教授の子どもが1型糖尿病（小児糖尿病）であることがわかり、糖尿病の治療につながる研究をしようと決意した。あらゆる医学書を読み、幹細胞研究の将来性に可能性を感じて、研究の方向を変えた。そんな記事だった。

その幹細胞の研究をさらに発展させ、治療法の開発につなげるために、この研究所の設立に至ったのだ。

研究室を訪ねると、メルトン教授は「私の大好きな幹細胞研究の話を聞きにきてくれて、ありがとう」と、穏やかな笑顔で迎えてくれた。

◆三つの方針

メルトン教授が研究所の設立にあたって考えたことは、三つあるという。

まず、多くの分野の研究者を集めることだ。

大学や病院の研究所をつくるときは、同じ分野で働く人を集めることが多い。血液、がん、脳など、いくつかの分野の専門家を集めて、研究所を立ち上げる。こうした個々の集団を牧場のサイロにたとえるなら、幹細胞研究ではサイロをつなぐことが大切だと、メルトン教授は考えた。

世の中にはさまざまな病気があり、幹細胞にもいろいろな種類がある。どの病気のどんな症状に、どの幹細胞がもっとも有効か。それをどう移植したらいいのか……。

幹細胞を取り出し、それがどんな細胞になるかを見極め、分化させ、移植するということを考えただけでも、基礎的な生物学者や化学者、細胞学者のほか、バイオエンジニア、実際に移植を行う医師などさまざまな専門家が欠かせない。しかも、こうした人たちが連携して目標に立ち向かっていく必要がある。

「治療というゴールを目指すなら、専門分野以外にも興味をもち、しかも挑戦的な人材を集めなければならないと思いました」とメルトン教授は言う。

次に、チームとして働きたいという人を集めた。

研究者は一般に、自分のテーマを掘り下げよう、独力で何かを達成しようという思いが強い傾向がある。大学や研究所が研究者を採用する際も、ふつうは個人として優れているかどうかが重要で、チームとして働いたときにどうかということは考慮しない。

しかし、メルトン教授によると「問題を独力で解決できる人は、たまにいるが、本当にまれ」で、チームとしての力を重視すべきだと考えた。

3番目に力を入れたのは、若者に活躍してもらうことだ。

研究所が用意する資金のほとんどを、独立したての若い研究者が使えるようにした。一方で、教授などすでに確立した地位にある人が研究所から資金を得ることは、逆に難しくした。

「もし年をとった専門家が本当に優れているのなら、難病はとっくに治せているはずでしょ。難病の治療を本気で目指すなら、若い人に資金を使うべきです」

「これは挑戦なのです」と、メルトン教授は言った。

◆成果を出し続ける

アメリカの研究者生活は、大学院で博士号を取得するところから始まる。博士号をとると、ポスドク（博士後研究員）という肩書で、教授、准教授といった独立した研究者のもとで働く。そこでいい仕事をしたと認められると、今度は自分が独立したポストを得る。最初は任期つき。さらにいい仕事をすると、生涯のポストを得ることができる。

ただし、いいポストを得ても、研究費は自分の努力で獲得しなければならない。研究費を獲得できるかどうかも成果次第。常に成果を出していかなければならない競争社会だ。

「5年間、一生懸命働き、たくさん論文を出すことができれば、生涯のポストが手に入るという道がある。その一方で、アルツハイマー病や糖尿病の治療法の発見といった、挑戦的な仕事ができたらポジションをあげるが、できなかったらクビといわれたら、どうしますか？　たいていの人は前者を選ぶでしょう」

しかし、メルトン教授らが求めたのは、後者の道を選ぶ人だった。

ほかの分野の人とチームとして働き、成功する確率が決して高くない困難な仕事に挑む野心的な若者。ユニークな試みだったが、

「研究所はうまくデザインできた。世界中から最も優秀で、素晴らしい人材を集めることができました」とメルトン教授はいう。しかし、

「まだ、成功とはいえません」と早口で続けた。研究所の「使命」は病気を治すことだが、まだ治療の道を切り開いたわけではないからだ。

「科学は難しい。だから、もう少し時間をください、ということです。成功する保証はないが、成功するために、私たちは最適の方法でアプローチしています」

◆明確な目標を設定

メルトン教授は「私たちは、患者が必要だと思うことから考えて、研究の方向性を定め、進めている」と強調した。

患者が必要とすることから出発するというのは、当たり前のことのように思われるが、研究の世界では少し違うらしい。

「世界の製薬会社はたくさんの新薬を開発してきました。しかし、製薬会社は一つの会社がある薬で成功すると、ほかの会社がそれを少し変えたものをつくり、市場でのシェアの拡大を狙う。会社の仕事は株価を上げることだからです。成功は株価で判断され、株価は病気を治療したかどうかでは変わらない。しかし、もし火星人が地球に来たら、ちょっとおかしいと思うのではないでしょうか。たとえばバイアグラの開発などに巨額の金が使われましたが、一方で、ある種の糖尿病や神経変性疾患など非常に深刻な病気のための薬の開発を、製薬会社はしようとしない」

メルトン教授は「われわれは製薬会社がしていない研究をしているのだ」と強調した。

ブッシュ政権が2001年8月、新たなES細胞作製のための研究には連邦政府の資金は出さないと決めたとき、メルトン教授は研究の停滞を心配し、民間の資金を集めてES細胞をつくって、ほかの研究者に配布したそうだ。

政府の方針に愚痴を言うだけで終わらず、何をなすべきか考え、実行した。このおかげで、アメリカから海外に移ろうかと考えていた研究者が、アメリカにとどまったという話も聞いた。自分たちのゴールに向かって道を切り開いていくのは、アメリカ人が誇る「フロンティア精神」というものなのだろうか。

そう思って尋ねたら、

「私がもしとてもスマートで、ES細胞ですべきことがすべてわかっていたら、人に配らず、自分で問題を解決すればいい。でも、そうではないからね。みんなに使ってもらって考えてほしいし、とくに若い人には、自分はできるかもしれないと考えてほしい。そのためには（ES細胞を自由に使える）オープンアクセスが極めて大切です」

と、淡々とした答えが返ってきた。

明確なゴールがあり、それに向かって最善の道を探す。そんな姿勢を貫いてきたメルトン教授に、日本の状況は不思議に見えるらしい。政府がロードマップ（行程表）をつくり、臨床応用を目指していると話すと、

「今の状況で、何年で臨床応用できるということなど、科学者には言えません」

と断言した。

iPS細胞についても、山中伸弥・京都大学教授の業績を絶賛しながらも、

「現在のiPS細胞は、臨床に使えるものとはほど遠いものです。薬のスクリーニングの道具に

使うことはできるかもしれませんが……。ＥＳ細胞とｉＰＳ細胞のどちらがいいかは、目的によって違います。どちらか一つだけで研究を進めることはできないし、実際、ハーバード大学では両方の研究を進めています。日本政府はｉＰＳに力点を置き過ぎているように見えます。もっとバランスをとって、ＥＳ細胞にも、もう少し力を入れたほうがいいのではないでしょうか」

と語った。

ハーバード大学は、さらに大人の体内にもともとある幹細胞の研究もしている。治療法の開発がゴールなら、さまざまな幹細胞のなかから最もふさわしいものを探す必要があるからだ。

◆エグゼクティブ・ディレクター

もう一人、エグゼクティブ・ディレクターのブロック・リーブ氏の存在も、研究所にとって重要だ。エグゼクティブ・ディレクターは、日本の研究所の所長にあたる。

リーブさんは、バイオテクノロジー企業で働いていたビジネスマンで、研究者ではない。研究所全体の方向性を考え、運営にあたっている。研究所は利益を追求するところではないが、どのように研究資金を得て、有効に使うためにどうするのか戦略を練る。ちなみに科学者の責任者は別にいる。日本の大学の研究所の所長といえば研究者がなるのが相場だから、少し驚いた。

リーブさんの兄は、映画『スーパーマン』で有名な俳優のクリストファー・リーブ氏だ。落馬して脊髄を損傷し車いす生活になってから、医学研究推進のために活動した。

「お兄さんの存在が、この仕事に就いたきっかけですか」そう尋ねたら、

「私は兄の事故の前から幹細胞について知っていました。バイオテクノロジービジネスの世界でコンサルタントをしていましたからね。ハーバードに来た理由は、いくつかあります。兄が幹細胞研究について国家的な注目を集めようと一生懸命働いていたことも、その一つです。また親戚には パーキンソン病患者やがん患者もいる。これらは私だけの問題ではありません。だれでも、友人や家族が病気のことはあるでしょう。幹細胞研究は将来の治療につながりうるし、やる価値があると思いました」と答えた。

しかし、ハーバード大学に来たのは、個人的な動機だけではないと言う。この仕事が、新しいビジネスモデルをつくることになると考えたことも、大きな理由だった。

「私はビジネスの世界にいました。幹細胞はとても複雑で重要だということを知っています。こうしたもののR&D（研究開発）は、政府、大学、商業セクターでもなかなかうまくできません。この研究所はある意味でバーチャルな組織ですが、民間の資金を使い、非営利で、R&Dを加速できると思いました。おもしろいビジネスチャレンジで、新しいビジネスモデルをつくれます。しかも、それが生命にかかわる重要な仕事なのだから、とても刺激的です」

「ビジネスモデルとはどういうことか」と尋ねると、

「われわれのゴールは科学の論文を出すだけではありません。患者のことを考え、治療に結びつけようとしていることです」と、メルトン教授と同じ答えが返ってきた。

アメリカの大学はこれまで、政府や民間の資金で基礎研究を行い、応用できそうな成果が出ると、投資を募ってベンチャービジネスを立ち上げてきた。しかし、最近は経済状況の悪化で、投資を募るのが難しくなっている。

投資家は研究成果がより市場に近づいた段階になって、初めて関心を示す。このため、基礎研究を応用へとつなぐ中間段階に、資金的なギャップが生じる。このギャップを埋める資金集めも、リーブさんの重要な役割なのだそうだ。

幹細胞研究所エグゼクティブ・ディレクターのリーブ氏

©朝日新聞社

研究所の資金は、ほとんど民間からの寄付金だという。患者団体や企業などから寄付を集めている。将来は、これに研究成果から生まれた特許の収入が加わるかもしれない。

リーブさんが「バーチャル」な組織と言ったわけは、研究所には70人のＰＩ（独立研究者）がいるが、その多くが研究所の専任でなく、ハーバード大学のさまざまな学部や関連病院、研究所の仕事を兼務しているからだ。PIとは、細かく分かれた独立した研究グループの「司令塔」となる研究者のこと。さらに学内・学外に協力PIが100人。世界的に著名な研究者も多い。

「世界にはたくさんの優秀なリーダーがいますが、これほど大勢が1ヵ所に集まり、近い協力関係を保って研究を進めているところはないでしょう」とリーブさんは言った。

ハーバード大学にはさまざまな学部・研究所があり、さらに周辺にはマサチューセッツ総合病院（MGH）など著名な病院も多い。ジョスリン糖尿病センターなど特定の病気で有名な研究所もあれば、免疫などに特化した小さな研究所もある。科学だけでなく、法学部やビジネススクールなど、それぞれが培ってきた強みをつなげることが、幹細胞研究所の重要な役割なのだ。

◆優れた人材と研究室を「再生産」

研究所が力を入れている若手の活用についても、話を聞いてみた。

iPS細胞の研究で最も注目される若手の一人、コンラッド・ホッケドリンガー助教授。襟がくしゃくしゃのポロシャツを着て現れた姿は、大学院生と間違えそうだ。彼が歩いてきた道のりに、アメリカの科学の強さの一端が見える。

ホッケドリンガーさんはオーストリア・ウィーンの出身。1997年、イギリスでクローン羊ドリーの誕生が発表されたときは、大学の学部生だった。カエルのクローンがつくられていることは知っていたが、「哺乳類でもできるんだ」と感激したという。

翌1998年にはアメリカ・ウィスコンシン大学のジェームズ・トムソン教授がヒトのES細胞の作製に成功して、大ニュースになった。クローンとES細胞の技術を組み合わせると、新しい研究分野が開ける。患者のクローン胚をつくり、それからES細胞をつくれば、さまざまな組織の細胞に育てることが可能になる。再生医療に新たな可能性が開けると考えた。

細胞の核移植を学びたいと考え大学院に進み、マサチューセッツ工科大学（MIT）のルドルフ・イエニシュ教授のもとに留学した。教授がマウスの核移植の研究をしていたからだ。そのままイエニシュ教授のもとでポスドクになった。

iPS細胞の研究で注目されているホッケドリンガー助教授
©朝日新聞社

ホッケドリンガーさんによると、イエニシュ教授はとても厳しく、論文を批判的に見ることと、論文に書いてあることが本当に正しいか徹底的に考えぬくことを学んだ。今、自分がやっていることだけでなく、幅広く興味をもつことの大切さもたたき込まれた。

ポスドクは、教授から助言を受ける必要はあるとはいえ、独自に実験を組み立てなければならない。教授は方向性は与えてくれるが、細かいことは自分で考える。博士号をもっているということは、そういうことなのだという。実験テーマも最初は与えられるが、次第に自分で考えさせられ、独立できる状態になっていく。

毎日、早朝から深夜まで、週末も関係なく実験に明け暮れた。

「そうしたのは、楽しかったから。一生懸命やれば論文が発表できるし、そうすればいつかは仕事が手に入ることを知っていたからね。そして、ちゃんとポストを手にしました」とホッケドリンガーさん。

「ポスドクは、いわば食物連鎖の最下位のようなもの」だという。研究資金集めの心配をする必要はないが、成果はボスのものになる。ボスが得た研究資金を使って、自由なことができる。しかし、そこで成果を出せば、自分が独立して、ボスと同等の地位に上れる。研究資金を集めて、今度はポスドクを指導する立場になる。

ホッケドリンガーさんは、2006年、29歳で独立して、マサチューセッツ総合病院（MGH）とハーバード大学幹細胞研究所とを兼務するPIになった。PIになると、もうだれにも干渉されず、自由に研究テーマを決め、論文を発表できる。

PIとして独立した当時のことを、ホッケドリンガーさんは「非常に恵まれていた」と振り返る。そして「パッケージ」の話をしてくれた。

パッケージとは独立のための資金で、研究費、給料、研究者を雇う資金を含めたものを、雇用する大学や研究所が用意する。最初の3〜5年間で100万〜200万ドル（1億〜2億円）。高価な実験機器は共有のものがそろっているので、独立した当日から研究を始めることができた。時間を無駄にせず、研究を始める態勢が整っているのだ。

その一方で、研究者は論文を書いて実績をあげ、パッケージの資金がなくなる前に、政府の研究資金に応募しなければならない。

アメリカの有名な研究室には、ホッケドリンガーさんのように海外から優秀な人材が集まる。イエニシュ教授もドイツ人だ。

優秀なボスのもとに世界中から集まったポスドクは、そこで鍛えられ、ＰＩになる実力を身につける。ＰＩになれば最初の研究費がパッケージとして用意される。ＰＩとして業績をあげれば自力で研究費を獲得できるようになり、よりよいポストも手に入れられる。こうした競争をくぐりぬけ、真に力がある人が研究室を主宰する。

優れた研究室を「再生産」するシステムが、できあがっているのである。

日本でも1995年に科学技術基本法が制定されて以降、ポスドクや任期つきポストなど、アメリカをまねたシステムが次々と導入されてきた。しかし、その実態はどうだろうか。優秀なＰＩの再生産システムが確立し、世界中から優秀な人材が集まり循環しているアメリカのようすを知ると、システムの一部だけを導入しただけで簡単に成果を期待できるとは思えない。

◆経験生かし、すぐに追いつく

２００６年、ホッケドリンガーさんがちょうど「パッケージ」で研究を始めたころ、日本の山中伸弥・京都大学教授が世界で初めてマウスでｉＰＳ細胞の作製に成功した。

「山中教授の論文は大きな衝撃でした。最初は多くの人が本当かなと疑いました。間違いじゃないのかって。でも、もしかしたら本当かもしれないとも思った。追試することが大切だと思い、学生に追試させました。そうしたら、すぐ再現できた。それで、山中教授を招待して、講演してもらいました。データを見せてもらい、これは研究する価値があると思い、すぐに研究を始めました」

ただちにそう判断できたのは、同じような視点から研究を進めていた経験があったからだ。

当時、山中さんが試みたように、遺伝子を使って多能性幹細胞ができないか、可能性を探っていた研究室は、アメリカにも少なからずあったという。しかし、どこも成功しなかった。正しい遺伝子の組み合わせにたどり着けなかったのだ。

「正しいアプローチができた山中教授はラッキーだった。私は『Oct4』遺伝子でできないかと考えて実験していましたが、細胞を初期化することはできませんでした。山中論文が出て、

『Oct4』だけではダメで、ほかの因子も必要だったとわかりました」

正解がわかれば、それまでの経験が素早く生かせる。

「次にすべきことが、すぐにわかりました。パッケージの資金もありました。ただちに、大きな研究室と競争することができました」と、ホッケドリンガーさんは言う。

山中さんの論文が出た後にも、証明すべきことは残されていた。

多能性幹細胞ができたことを証明するには、いくつかの段階がある。

まず、できたiPS細胞をマウスに移植してテラトーマ（奇形腫）をつくらせる。テラトーマは、身体のさまざまな組織の細胞が混りあった混合腫瘍だ。この腫瘍をつくらせ、その中に発生の初期段階で分かれる3つの領域（内胚葉：主に消化管になる　中胚葉：筋肉や骨格、循環器、生殖器などになる　外胚葉：表皮や神経系などになる）からそれぞれできる細胞が含まれるかどうかを調べる。あれば、iPS細胞から多様な細胞が分化した証明になる。

次の証明はiPS細胞を受精卵に入れて、異なる遺伝情報をもつ細胞が混じった「キメラマウス」をつくることだ。キメラマウスの中でiPS細胞由来の細胞がさまざまな細胞に分化したことを証明する。

2006年の山中さんらの論文で証明されたのは、ここまでだった。

しかし、本当に多能性があることを証明するには、iPS細胞がキメラマウスのなかで生殖細胞にも分化し、その生殖細胞から子どもができることを示す必要がある。「ジャームライントランスミッション」とよばれ、ここまでくれば、ES細胞と同じくらい多能性があることになる。

山中さんらは翌2007年6月、マウスからつくったiPS細胞が生殖細胞に分化する能力をもつこと、その生殖細胞から子どもができることを確認し、科学誌『ネイチャー』に発表。MITのイエニシュ教授も同時に、ホッケドリンガーさんもほぼ同時に、同じ内容の論文を発表した。

iPS細胞は日本発の成果なのに、なぜアメリカから次々と論文が出るのか? その理由は容易に想像がつく。まず、それまでの幹細胞研究の蓄積が圧倒的に大きいということ。次に何をすべきかがただちにわかり、それを実践する手法がすでにあるということだ。幹細胞研究という分野で、多くの研究者がしのぎを削っていたところに、iPS細胞という新たな研究の「道具」が登場した。この道具がどれほどのものなのかを試し、使えるとわかったら躊躇《ちゅうちょ》なくどんどん使ってみる。すべてが、ダイナミックなアメリカの強さだ。

◆独自研究に素早く移行

ホッケドリンガーさんらは山中さんらの方法が正しいことを確認すると、今度は自分たちの実験を始めた。細胞の初期化の仕組みを探るのに、iPS細胞を実験道具として使う。

「競争は激しく、ストレスは大きいけど、それがこの分野のいいところです」と、屈託がない。

ホッケドリンガーさんはＭＩＴ時代、イエニシュ教授のもとで核移植の研究をしていた。体細胞の核を、核をぬいた未受精卵に入ると「クローン胚」ができ、クローン胚からは体のあらゆる組織の細胞をつくり出せる。体細胞が核移植によって「初期化」されるからだ。しかし顕微鏡の下で細かい作業をする核移植はたいへん難しい技術なので、扱える研究室は限られていた。それが遺伝子を組み込んだウイルスを感染させただけでつくることができるｉＰＳ細胞なら、分子生物学の実験をしている人なら誰でもつくれる。これまで核移植で行っていた研究を、ｉＰＳ細胞で試すことは簡単だ。

マウスのｉＰＳ細胞ができたとき、ヒトからつくれるかどうかに関心が集まった。医療への応用を考えれば、ヒトのｉＰＳ細胞ができるかどうかは極めて重要な問題だからだ。

京都大学グループとアメリカ・ウィスコンシン大学グループは２００７年11月、ほぼ同時にヒトｉＰＳ細胞の作製成功を発表した。日本発の画期的な研究に、わずか1年あまりで追いついた。京都大学でマウスのｉＰＳ細胞ができたころ、ウィスコンシン大学グループもすでに同じような試みをしていたと考えて、間違いないだろう。

ＥＳ細胞研究の蓄積も忘れてはいけない。アメリカはこの分野で、世界をリードしていた。

ｉＰＳ細胞の医療への応用では、神経などさまざまな細胞をつくり、治療のために移植することが考えられている。こうした応用で、iPS細胞から血液の細胞をつくり、貧血のマウスに移植して治療の可能性を最初に示したのは、MITのイエニシュ教授らのグループで、2007年に論文を発表した。ES細胞で成功していたことを、iPS細胞に置き換えたのだ。

イエニシュ教授らは、翌2008年にはiPS細胞から神経細胞をつくり、パーキンソン病の治療につながる可能性があることをマウスで示した。ES細胞から身体のさまざまな細胞を効率的につくり出す研究が進んでいたからこそ、iPS細胞でもできた。

同じ年、病気の患者の細胞からiPS細胞を最初につくったと発表したのは、ハーバード大学幹細胞研究所のグループだった。

患者のiPS細胞をつくることは、病気の仕組みを探ったり、病気を止める薬を探したりするために、とても重要だと考えられている。たとえば神経細胞が衰えていく患者の神経細胞をとったり、増やしたりすることは難しいが、患者の皮膚の細胞をわずかだけ提供してもらい、iPS細胞をつくれば、無限に増やすことができる。それを神経細胞にして、患者の神経細胞で起こっていることを再現できれば、試験管の中で病気の仕組みを探れる。病気の進行を食い止める薬を探すことも可能になるかもしれない。

iPS細胞ができるまで、ハーバード大学グループはこうした目標に向かって、核移植とES細胞の技術を組み合わせて挑戦していた。患者の細胞からクローン胚をつくり、そのクローン胚からES細胞をつくろうとしていた。

ハーバード大学幹細胞研究所の若手リーダー、ケビン・エガン助教授らは、クローン胚をつくるのに必要な未受精卵（卵子）の提供者を求めて、広告を出した。しかし問い合わせは多かったものの、実際に提供してくれる人はほとんどいなかった。挫折しかけていたところに、iPS細胞が出た。それまでの長い努力があったからこそ、iPS細胞の有用性にすぐ気づいた。

ホッケドリンガーさんに、アメリカの科学の強さの理由を聞いたところ、二つあげた。

一つは「文化」の違い。

日本の大学は、こちらの研究室は血液、こちらはES細胞というように、特定の専門分野だけに焦点をあて、その垣根を越えることはあまりない。ヨーロッパにもそういう傾向が見られるという。それが、アメリカでは「楽観的というか、iPS細胞が面白いと思えば、自分の専門に関係なく試してみる。いろいろな分野の研究者が参入して、新たな研究分野がすぐにできる」という。

もう一つは、若手が力を発揮できること。

「アメリカの研究現場ではヒエラルキー（階級）があまりないので、若い研究者が多くの研究費を得ることができます。iPS細胞関係の論文の多くは、私も含めて若手研究者が発表しています」と、ホッケドリンガーさんは話した。

「1勝10敗」の理由の一端を垣間見た気がした。

第10章　山中伸弥・京都大学教授インタビュー

ｉＰＳ細胞を開発した京都大学の山中伸弥教授は、国内外のメディアにたびたび登場している。朝日新聞に掲載された２００７年のヒト・ｉＰＳ細胞の論文発表後と、２０１０年の京都賞受賞の声を紹介する。（肩書、年齢はいずれも当時）

◆2007年12月31日付朝刊

「オールジャパン」でないと勝ち残れない
勝負どころは、ここ数ヵ月だと思っている
ｉＰＳ細胞を作った京大再生医科学研究所教授　山中伸弥さん（45）に聞く

人の皮膚からあらゆる細胞になる能力をもった万能細胞（人工多能性幹細胞＝ｉＰＳ細胞）を

つくった――。日本発のビッグニュースが今年11月、再生医療につながる新しい扉を開いた。「ノーベル賞級」と称賛する声が早くも出ている。注目の科学者となった京都大再生医科学研究所の山中伸弥教授（45）に、研究の労苦や展望、そして科学のおもしろさについて聞いた。
（聞き手・臼倉恒介＝大阪本社科学医療エディター）

――11月に発表した人の体細胞での成功は、激しい競争でした。

僕らが昨年、マウスでの成功を発表してから、「次は人だ」と世界中で研究が加速した。マウスは10ヵ月でアメリカ勢に追いつかれ、人では同着になった。再生医療の実現というゴールは遠くに見えてきたが、そこにトップで駆け込めるのは我々とは限らない。

――マウスで成功した時は、半信半疑の科学者も多かったとか。

実際は2005年に成功していたが、ちょうどソウル大学の黄禹錫《ファンウソク》教授らの胚性《はいせい》幹細胞（ES細胞）論文捏造《ねつぞう》問題が持ち上がった。アジア人がまた嘘をついていると思われないように、慎重に再現性の実験を積み重ねた。予想通り、国内外から「できるわけがない」と言われた。でも、今年6月になってアメリカの2大学が同様の方法での成功を発表し、やっと嘘つき呼ばわりされなくなった。

――アメリカは、総力戦の様相です。

北アメリカには、受精卵からつくるＥＳ細胞などを扱う幹細胞研究センターが約50ある。世界中から人を集めてチームを作っており、大リーグのようだ。そこが一気にｉＰＳ細胞研究になだれ込むだろう。ハーバード大学は最近まで、学内の競争相手にさえデータをとられないかと心配するほど激しく競っていたが、昨年訪ねると、優秀な若手研究者が集うチームができていて驚いた。重要性を認識し、お金と人材をそろえて目の色を変えてやっている。

■アメリカは大注目

――日本との違いは？

そもそも一般の人も政治家も、基礎科学に対する関心がまるで違う。論文発表後、アメリカ大統領もすぐにコメントを出した。有名人が病気になって幹細胞研究の支援をした話も有名だ。カリフォルニア州では10年で約３０００億円を投じる計画だ。マサチューセッツ州でも10年で約１２００億円を幹細胞研究に投入する。イギリスやスウェーデンなどの欧州勢のほか、中国も脅威だ。規制が少ないため欧米の巨大製薬会社が投資して、幹細胞研究センターが北京などにできている。

――日本は出遅れ感があります。

対抗する必要があるのかという議論もあるが、対抗しないと再生医療を実用化する段階で特許などの知的財産をアメリカなどに握られてしまう。日本の一人勝ちは100パーセントないが、日本発の技術なのに海外でしか治療を受けられなかったり、多額のお金を払うことになったりするのは、やはり悔しい。これまでは山中研究室の若手が驚異的に頑張ったのでやってこられたが、今後は「オールジャパン」でチームをつくらないと勝ち残れない。

■移植医療だ

——再生医療とは？

ひと言でいえば、移植医療だと思っている。心臓や腎臓など臓器移植における提供者不足は深刻で、多くの待機者がいる。その切り札になるのが幹細胞を利用する方法。幹細胞の中でも、iPS細胞は自分の体細胞から作るため、拒絶反応を抑えられる。たとえば、重い心臓病の人のiPS細胞から心筋細胞をつくって移植する治療は、そうとう意味があると思う。病気で困っている方々からたくさんのメールをいただいた。それはずっしり重い。まだ課題は多く、過度な期待は困るが、失望もしてほしくない。

——細胞移植以外の使い道は？

難病の研究や新薬の開発、毒性検査などで、細胞移植よりも早く利用できると思う。心臓など形のある臓器を作るのは、可能性はゼロではないが、まだ先だろう。

――メカニズムの研究もやりたいと。

再生医療の実現も大事だが、科学者としては仕組みを解明したい。なぜいくつかの遺伝子を入れると万能性を取り戻すのかわかっていない。偶然の中にも必然があるはずだ。メカニズムがわかれば、応用も広がる。

■基礎に光を

――整形外科医から研究者に転身しました。

人がやっていないことをやりたい思いが強い。基礎科学は、テーマを自由に見つけ、世界を相手に競うことができる。あるとき一気に10年、20年分の成果が出る面白さがある。父の影響も大きい。小さな工場のミシンの部品をつくる技術者だった。工夫して何かをつくるという姿勢が自然に身についたと思う。

――日本の理科離れが深刻です。基礎研究への関心も低い。

僕が医者から基礎研究者になるとき、反対する人が多かった。日本では基礎研究者というと、変人のように見る向きもある。好きなことをやって役に立たなくていいと殻にこもる面があるためだろうか。

一方、アメリカでは、医者は基礎科学の成果を使っているだけだ、という見方がある。科学者の方が、娘や息子が誇らしく思う職業だ。イチローを見て野球選手を目指すように、中身も外観も子どもがあこがれるような基礎研究者像が必要だろう。ポルシェを乗り回すような科学者が出てきてもいい。

――国の支援態勢も強化され、年明けにセンターづくりが始まります。

神経や心筋などの細胞に分化させるのに、専門の研究者と連携したい。遺伝子導入の技術開発も安全性の実験にも、プロの知恵が必要だ。壁のないスペースに研究者たちがフェアな形で集まり、常に議論を重ねる。互いに手の内をあかして協力できる態勢が理想だ。日本の大学では「一国一城の主」型の研究室が多く、隣の部屋の人がどんな仕事をしているのかわからないことが多い。そうした形を変えたいという思いもある。

――よい科学者が育つ処方箋《しょほうせん》はありますか?

今回の成果に結びつく最大の山場は、遺伝子を24個に絞り込む作業だった。それに約4年かかった。答えがあるとは限らないリスキーな仕事だった。最近の若手研究者は、任期つきポストが増え、1~2年で成果を出さねば、という相当なプレッシャーがある。プレッシャーは必要だが、頑張れば研究が続けられるという保障があってもいい。でなければ、画期的な成果は出ない。

――来年の抱負を。

iPS細胞は自然界に存在しない人工的なもので、役に立たないと存在価値はない。自分で始めたことだから、最後までやりたい。iPS細胞を使う治療の研究も日進月歩。ここ数ヵ月が勝負どころだと思っている。

◆　◆　◆

やまなか・しんや／1962年大阪府生まれ。中学では体が細く、鍛えるために柔道部に。骨折やけがの度に治療を受けたことで医師を目指す。1987年に神戸大学医学部卒業後、整形外科医として診療に携わる。大阪市立大学大学院修了後、アメリカ・グラッドストーン研究所の研究員。大阪市立大学助手、奈良先端科学技術大学院大学教授を経て、2004年から京都大学再生医科学研究所教授。医師の妻と高校生の娘2人と暮らす。2007年末の論文発表後にテレビ出演などが増えたが、表情が硬く、娘たちは「恥ずかしくて見ていられない」。柔道2段。週2〜3回、鴨川沿いを走ったりジムで体を鍛えたりする。フルマラソン4回完走。

◆2010年11月23日付朝刊

「iPS腫瘍化、数年で解決」

京都賞受賞の山中・京大教授

今年の京都賞は、さまざまな種類の細胞になりうる万能細胞、iPS細胞（人工多能性幹細胞）を開発した京都大学iPS細胞研究所の山中伸弥所長（48）が先端技術部門に選ばれた。

——iPS細胞の再生医療への応用に向け、多くの人からiPS細胞を作っておく「バンク」を構想中ですね。

その準備として、まず皮膚や血液など複数の細胞から複数の方法でiPS細胞を作り、どの組み合わせが最も品質がよくて安全なものを再現性よく作れるかを検討している。研究者は、自分の国なり研究機関なりで開発した技術の優位性を強調しがちだが、公平に客観的な評価法で、いちばん安全で効率がいい方法を早く決めてそれを公開したい。これがiPS細胞研究所の使命の一つと考えている。

——iPS細胞で作った細胞を移植する場合、自分のiPS細胞を使う「自家移植」と、他人のiPS細胞を使う「他家移植」がありますね。

それぞれ一長一短ある。あらかじめ細胞を用意しておく他家移植は、長い時間をかけて安全性を評価することができる。一つの細胞株を複数の人に使えば、経済面でも長所といえる。しかし自家移植と違い、他人の細胞なので拒絶反応の心配がある。

——iPS細胞を再生医療へ応用するには腫瘍化《しゆようか》が課題とされています。

腫瘍化は二つに分けて考える必要がある。一つは、iPS細胞を作る過程で遺伝子に傷がつくなどで腫瘍になりやすいこと。もう一つは、神経細胞などに分化させて使うときに分化していない細胞が混じると奇形腫という腫瘍ができるという問題だ。

——克服法は何ですか。

細胞株によって腫瘍のできやすさが違うので、腫瘍ができない株を選ぶこと。そして、未分化細胞を除去する、もしくは未分化細胞が残らないように分化させること。数年で技術的に解決できるのではないかと楽観している。再生医療の臨床試験を始めるには、調べても調べても予見できないことが万が一にも起こったときに対応できる方法を考えておく必要がある。

——イギリスでアメリカ企業のiPS細胞作製法の特許が認められました。海外での特許成立の見通しは。

予想はむずかしい。私たちは論文という競争をしてきた。それに加え、知財（特許）の競争にも巻きこまれている。私はラグビーをやっていたが、同じ楕円《だえん》のボールを使うアメリカンフットボールという別のスポーツがあり、ルールが全然違う。ボールをもってない人をタックルしてもいい。そのかわり、全身をプロテクターで覆っている。プロテクターに相当するのは知財の専門スタッフ。知財スタッフを充実させて、最高の体制でのぞんでいる。

——iPS細胞を作って生命観の変化はありましたか。

生命観まではいかないが、科学技術の可能性はすごいと思った。医学や生物学が進むと、今は夢物語に過ぎないことが「できるようになるんじゃないか」と期待がもてる。「できるはずがない」と研究者が自分で壁を作るのはだめだと思う。いろいろな人の地道な研究が積み重なるとブレークスルー（突破）が生まれる。たまたま私たちはiPS細胞を作ったが、その前に何十人もの研究があった。慎重な研究の積み重ねが必要なことをわかっていただきたい。

さくいん

【か行】

【さ行】

【や行】

【ら行】

【わ行】

N.D.C.463　174p　18cm

ブルーバックス　B-1727

iPS細胞《さいぼう》とはなにか
万能細胞研究の現在

2011年 8 月20日　第 1 刷発行
2012年10月16日　第 3 刷発行

著者　朝《あさ》日《ひ》新聞《しんぶん》大阪《おおさか》本社《ほんしゃ》科《か》学《がく》医《い》療《りょう》グループ
発行者　鈴木　哲
発行所　株式会社講談社
〒112-8001 東京都文京区音羽2-12-21
電話　出版部　03-5395-3524
販売部　03-5395-5817
業務部　03-5395-3615
印刷所　（本文印刷）豊国印刷株式会社
（カバー表紙印刷）信毎書籍印刷株式会社
本文データ制作　講談社デジタル製作部
製本所　株式会社国宝社

定価はカバーに表示してあります。

ISBN978−4−06−257727−4

発刊のことば

科学をあなたのポケットに

二十世紀最大の特色は、それが科学時代であるということです。科学は日に日に進歩を続け、止まるところを知りません。ひと昔前の夢物語もどんどん現実化しており、今やわれわれの生活のすべてが、科学によってゆり動かされているといっても過言ではないでしょう。

そのような背景を考えれば、学者や学生はもちろん、産業人も、セールスマンも、ジャーナリストも、家庭の主婦も、みんなが科学を知らなければ、時代の流れに逆らうことになるでしょう。

ブルーバックス発刊の意義と必然性はそこにあります。このシリーズは、読む人に科学的に物を考える習慣と、科学的に物を見る目を養っていただくことを最大の目標にしています。そのためには、単に原理や法則の解説に終始するのではなくて、政治や経済など、社会科学や人文科学にも関連させて、広い視野から問題を追究していきます。科学はむずかしいという先入観を改める表現と構成、それも類書にないブルーバックスの特色であると信じます。

一九六三年九月

野間省一